洪萬生數學史系列

數之軌跡 IV

再度邁向顛峰的數學

洪萬生／主編
英家銘／協編
林倉億、王裕仁、廖傑成／著
于靖、林炎全、單維彰／審訂

三民書局

《鸚鵡螺數學叢書》總序

本叢書是在三民書局董事長劉振強先生的授意下，由我主編，負責策劃、邀稿與審訂。誠摯邀請關心臺灣數學教育的寫作高手，加入行列，共襄盛舉。希望把它發展成為具有公信力、有魅力並且有口碑的數學叢書，叫做「鸚鵡螺數學叢書」。願為臺灣的數學教育略盡棉薄之力。

I 論題與題材

舉凡中小學的數學專題論述、教材與教法、數學科普、數學史、漢譯國外暢銷的數學普及書、數學小說，還有大學的數學論題：數學通識課的教材、微積分、線性代數、初等機率論、初等統計學、數學在物理學與生物學上的應用等等，皆在歡迎之列。在劉先生全力支持下，相信工作必然愉快並且富有意義。

我們深切體認到，數學知識累積了數千年，內容多樣且豐富，浩瀚如汪洋大海，數學通人已難尋覓，一般人更難以親近數學。因此每一代的人都必須從中選擇優秀的題材，重新書寫：注入新觀點、新意義、新連結。從舊典籍中發現新思潮，讓知識和智慧與時俱進，給數學賦予新生命。本叢書希望聚焦於當今臺灣的數學教育所產生的問題與困局，以幫助年輕學子的學習與教師的教學。

從中小學到大學的數學課程，被選擇來當教育的題材，幾乎都是很古老的數學。但是數學萬古常新，沒有新或舊的問題，只有寫得好或壞的問題。兩千多年前，古希臘所證得的畢氏定理，在今日多元的光照下只會更加輝煌、更寬廣與精深。自從古希臘的成功商人、第一位哲學家兼數學家泰利斯 (Thales) 首度提出兩個石破天驚的宣言：數

學要有證明，以及要用自然的原因來解釋自然現象（拋棄神話觀與超自然的原因）。從此，開啟了西方理性文明的發展，因而產生數學、科學、哲學與民主，幫忙人類從農業時代走到工業時代，以至今日的電腦資訊文明。這是人類從野蠻蒙昧走向文明開化的歷史。

古希臘的數學結晶於歐幾里德 13 冊的《原本》(*The Elements*)，包括平面幾何、數論與立體幾何，加上阿波羅紐斯 (Apollonius) 8 冊的《圓錐曲線論》，再加上阿基米德求面積、體積的偉大想法與巧妙計算，使得它幾乎悄悄地來到微積分的大門口。這些內容仍然是今日中學的數學題材。我們希望能夠學到大師的數學，也學到他們的高明觀點與思考方法。

目前中學的數學內容，除了上述題材之外，還有代數、解析幾何、向量幾何、排列與組合、最初步的機率與統計。對於這些題材，我們希望在本叢書都會有人寫專書來論述。

II 讀者對象

本叢書要提供豐富的、有趣的且有見解的數學好書，給小學生、中學生到大學生以及中學數學教師研讀。我們會把每一本書適用的讀者群，定位清楚。一般社會大眾也可以衡量自己的程度，選擇合適的書來閱讀。我們深信，閱讀好書是提升與改變自己的絕佳方法。

教科書有其客觀條件的侷限，不易寫得好，所以要有其它的數學讀物來補足。本叢書希望在寫作的自由度幾乎沒有限制之下，寫出各種層次的好書，讓想要進入數學的學子有好的道路可走。看看歐美日各國，無不有豐富的普通數學讀物可供選擇。這也是本叢書構想的發端之一。

學習的精華要義就是，儘早學會自己獨立學習與思考的能力。當這個能力建立後，學習才算是上軌道，步入坦途。可以隨時學習、終身學習，達到「真積力久則入」的境界。

我們要指出：學習數學沒有捷徑，必須要花時間與精力，用大腦思考才會有所斬獲。不勞而獲的事情，在數學中不曾發生。找一本好書，靜下心來研讀與思考，才是學習數學最平實的方法。

III 鸚鵡螺的意象

本叢書採用鸚鵡螺 (Nautilus) 貝殼的剖面所呈現出來的奇妙螺線 (spiral) 為標誌 (logo)，這是基於數學史上我喜愛的一個數學典故，也是我對本叢書的期許。

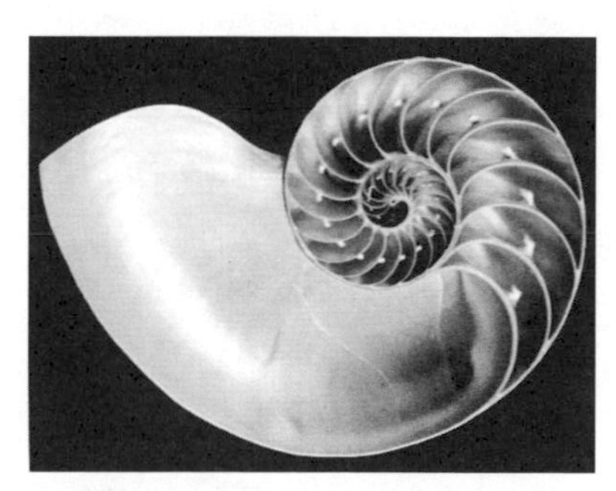

鸚鵡螺貝殼的剖面

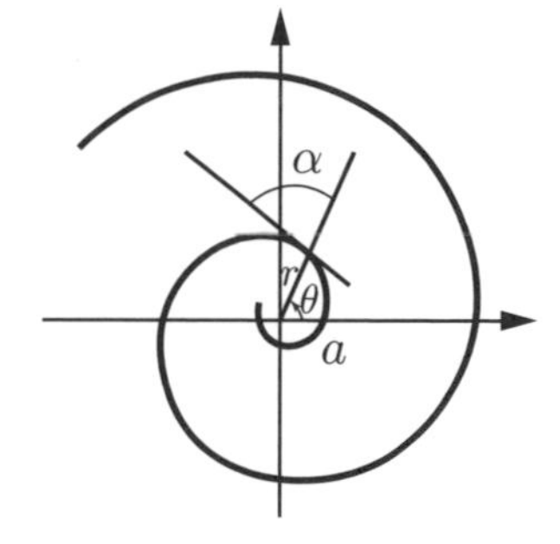

等角螺線

鸚鵡螺貝殼的螺線相當迷人，它是等角的，即向徑與螺線的交角 α 恆為不變的常數 ($\alpha \neq 0°, 90°$)， 從而可以求出它的極坐標方程式為 $r = ae^{\theta\cot\alpha}$，所以它叫做指數螺線或等角螺線，也叫做對數螺線，因為取對數之後就變成阿基米德螺線。這條曲線具有許多美妙的數學性質，例如自我形似 (self-similar)、生物成長的模式、飛蛾撲火的路徑、黃金分割以及費氏數列 (Fibonacci sequence) 等等都具有密切的關係，結合著數與形、代數與幾何、藝術與美學、建築與音樂，讓瑞士數學家柏努利 (Bernoulli) 著迷，要求把它刻在他的墓碑上，並且刻上一句拉丁文：

Eadem Mutata Resurgo

此句的英譯為：

Though changed, I arise again the same.

意指「雖然變化多端，但是我仍舊照樣升起」。這蘊含有「變化中的不變」之意，象徵規律、真與美。

鸚鵡螺來自海洋，海浪永不止息地拍打著海岸，啟示著恆心與毅力之重要。最後，期盼本叢書如鸚鵡螺之「歷劫不變」，在變化中照樣升起，帶給你啟發的時光。

蔡聰明

2012 歲末

推薦序

很高興看到洪萬生教授帶領他的學生們寫出大作《數之軌跡》。這是一本嘆為觀止，完整深入的數學大歷史。萬生耕耘研究數學史近四十年，功力與見識足以傳世。他開宗明義從何謂數學史？為何數學史？如何數學史？講起。巴比倫，埃及，希臘，中國，印度，阿拉伯，韓國，到日本。再從十六世紀到二十世紀講西方數學的發展與邁向巔峰。《數之軌跡》當然也著力了中國數學與希臘數學的比較，中國傳統數學的興衰，以及十七世紀以後的西學東傳。

半世紀前萬生與我結識於臺灣師範大學數學系，那時我們不知天高地厚，雖然周圍沒有理想的學術氛圍，還是會作夢追尋各自的數學情懷。我們一起切磋，蹣跚學習了幾年，直到 1976 暑假我有機會赴耶魯大學博士班。1980 年我回到中央研究院數學所做研究，那時萬生的牽手與我的牽手都在外雙溪衛理女中執教，我們有兩年時間在衛理新村對門而居，茶餘飯後沈浸在那兒的青山秀水，啟發了我們更多的數學思緒。1982 年我攜家人到巴黎做研究才離開了外雙溪。後來欣然得知萬生走向了數學史，1985 年他決定赴美國進修，到紐約市立大學跟道本周 (Joseph Dauben) 教授專攻數學史。

1987（或 1988）年，我舉家到普林斯敦高等研究院做研究。一個多小時的車程在美國算是「鄰居」，到紐約時我們就會去萬生家拜訪，談數學，數學史，述及各自的經歷與成長。1988 年暑假我回臺灣之前，我們倆家六口一起駕車長途旅遊，萬生與我擔任司機，那時我們都不到四十歲，從紐約經新英格蘭渡海到加拿大新蘇格蘭島，沿魁北克聖羅倫斯河，安大略湖，從上紐約州再回到紐約與普林斯敦。一路上話題還是會到數學與數學史。

我的數學研究是在數論，是最有歷史的數學，來龍去脈的關注自然就導引數論學者到數學史。在高等研究院那年，中午餐廳裡年輕數論學者往往聚到韋伊 (Andre Weil) 教授的周圍，聽八十歲的他講述一些歷史。韋伊是二十世紀最偉大數學家之一，數學成就之外那時已經寫了兩本數學史專書：數論從 Hammurabi 到 Legendre，橢圓函數從 Eisenstein 到 Kronecker。

1990 年代，萬生學成回到臺灣師範大學，繼續研究並開始講授數學史。二十餘年來他培養指導了許多研究生，探索數學史的各個時期及面向，成績斐然。這些年輕一代徒弟妹：英家銘、林倉億、蘇意雯、蘇惠玉等，也都參與了撰述這部《數之軌跡》。特別是在臺灣推動 HPM 數學史與數學教學，萬生的 School 做了許多努力。

在這本大作導論中，萬生指出他的數學不只包含菁英數學家 (elite mathematician) 所研究的「學術性」內容，而是涉及了所有數學活動參與者 (mathematical practitioner)。因此《數之軌跡》並不把重點放在數學歷史上的英雄人物，而著眼於人類文明的發展過程中，數學的專業化 (professionalization) 與制度 (institutionalization)，乃至於贊助 (patronage) 在其過程中所發揮的重要功能。

在《數之軌跡 IV：再度邁向顛峰的數學》第 4 章裡，《數之軌跡》試圖刻劃二十世紀數學。萬生選擇了四個子題來描述二十世紀前六十年的數學進展：艾咪・涅特、拓樸學的興起、測度論與實變分析、集合論與數學基礎。這當然還不足以窺二十世紀前五十年數學史的全貌：像義大利的代數幾何學派、北歐芬蘭的複分析學派、日本高木貞治的代數數論學派，與抗戰前後的中國幾何學大師陳省身、周緯良，都有其數學史上不可或缺的地位。從二十世紀到二十一世紀，純數學到應用數學，發展更是一日千里。《數之軌跡》選了兩個英雄主義的面向：

「希爾伯特 23 個問題」、「費爾茲獎等獎項」，來淺顯說明二十世紀數學知識活動的國際化。這些介紹當然不能取代對希爾伯特問題或費爾茲獎得獎工作的深入討論。最後寫科學的專業與建制，以及民間部門的角色：美國 vs. 蘇聯。這是很有意思的，我希望數學史家可以就這個題目再廣泛的搜集資料，因為在 1960 年代之後，不同的重要數學研究中心在歐洲美國出現，像法國 IHES、德國的 Max Planck、Oberwolfach 等。到了 1990 年世界各地，包括亞洲（含臺灣、中國），數學研究中心更是像雨後春筍般冒出。這是一個很有意義的數學文化現象。另一方面，隨著蘇聯解體，已經不再是美國 vs. 蘇聯，而是在許多國家百花齊放。從古到今，數學都是最 Universal！

于　靖
2023 年 10 月

數之軌跡
IV
再度邁向顛峰的數學

CONTENTS

第 4 章 廿世紀數學如何刻劃？

CONTENTS

NOTE

第 1 章 十八世紀的歐洲數學

十八世紀的歐洲數學

數學史家波伊爾 (Carl Boyer, 1906–1976) 在他的通史著述 《數學史》(*A History of Mathematics*) 中，以兩章的篇幅（全書有 27 章）來交代十八世紀的數學發展，依序是第 XX 章〈**白努利家族紀元**〉**(The Bernoulli Era)** 與第 XXI 章〈**歐拉時代**〉**(The Age of Euler)**。另外，他還將跨越十八、十九世紀的高斯與柯西並列為一章（第 XXIII 章)。可見，以傑出人物為書寫對象，應該多少可以幫助我們為數學史拼湊出一個大致的圖像。十八世紀歐洲當然也不例外。

因此，在本章中，我們依樣畫葫蘆，也希望白努利家族、歐拉乃至拉格朗日的「**歷史透鏡**」，能幫助我們在他們的生涯上，看到一些有趣且值得省思的面向。為此，他們曾經參與的研究主題，以及他們所撰寫的教科書，當然也是我們關注之所在，我們將依序在第 1.3 節提供一個概要瀏覽。不過，由於歐拉是目前數學普及書寫最受青睞的數學家，所以，我們將特別著重在富有教育啟發價值的主題。

另一方面，十八世紀數學家都在科學院任職，至於休閒文化場所，則以沙龍 (salon) 為中心。 本章第 1.4 節將對這充滿十八世紀風格的「**社會史**」面向，提供一個連結到數學史的簡要圖像。當時有些學者以「業餘」身分參與科學院的競獎活動，而為我們鋪陳了數學知識活動的多元面貌， 其中還包括隱匿女性身分的蘇菲・熱爾曼 (Sophie Germain, 1776–1831)。這個社會史的面向在十九世紀的對比之下，顯得十分突出。我們將在第 2.2 節時進行一些說明。

還有，在牛頓與萊布尼茲之後，與微積分學習有關的教科書，也逐漸問世，因此，適當地留意這些「歷史微光」，即使它們還不是十分顯著，對我們更好地理解數學（社會）史的豐富面向，顯然是頗有助益。事實上，目前國際學界有關數學教育史 (history of mathematics education) 的研究方興未艾，也非常值得我們注意。在這個脈絡中，歐拉、拉格朗日，以及拉克洛瓦 (Lacroix) 在生涯發展、研究風格以及微積分教材的書寫風格之對比，也可以看出十八、十九世紀數學專業化的異同，這是本章第 1.5、1.6 節的內容。

 從歐拉看西歐十八世紀數學

歷史上最多產的數學家，非歐拉 (Leonhard Euler, 1707–1783) 莫屬，儘管艾狄胥 (Pál Erdős, 1913–1996) 也不遑多讓，不過，他是二十世紀的傑出數學家，對一般人來說，或許相對陌生許多。

歐拉的父親雖然是牧師，但在大學時是雅各一世・白努利 (Jacob Bernoulli, 1654–1705) 的忠實聽眾，常聽他的數學講座。歐拉在父親指導下接觸數學，除了數學上的天分之外，相信在其他領域他也十分突出。當他十三歲時，進入巴賽爾大學就讀，主修哲學與法律。他的數學天分很快吸引到約翰・白努利 (Johann Bernoulli, 1667–1748) 的注意，在看過歐拉的作品後，約翰決定每週撥出星期六下午時間，與歐拉一起討論數學上的「**疑難雜症**」。歐拉因此也認識了約翰的兩個兒子尼古拉二世 (Nicolaus II Bernoulli, 1695–1726) 及丹尼爾 (Daniel Bernoulli, 1700–1782)。

歐拉十五歲獲得學士學位，翌年再取得碩士學位，十八歲開啟了數學研究生涯。此時，他的好友兄弟尼古拉二世、丹尼爾分別獲聘於俄國聖彼得堡科學院數學研究所及生物研究所。隔年，尼古拉二世因

病去世，由弟弟丹尼爾遞補數學缺，而丹尼爾的生物職缺則由歐拉補上。到了二十六歲，歐拉轉任物理研究所。兩年後，因丹尼爾離開，歐拉再次遞補他的數學教授職缺。

直到三十四歲離開俄國為止，歐拉在分析學、數論、力學等領域發表了許多成果，完成近九十部著作。這個難得的成就連曾經指導過他的約翰・白努利都稱讚他是「最有名的博學數學家」，而歐拉則謙遜地歸功於聖彼得堡科學院有利的學術條件。或許是因過度勞累，歐拉在這期間因病導致失去右眼光明，但卻沒有打擊到他的研究及大量發表著作。

西元 1740 年，歐拉三十三歲時，俄國政局動盪，歐拉與聖彼得堡科學院顧問產生摩擦，於是，在普魯士王菲特烈大帝 (Frederick II, 1712–1786) 的盛情邀約之下，歐拉決定離開俄國前往柏林科學院。歐拉在柏林期間身負多重任務：圖書館顧問、管理天文臺和植物園、監督財政、政府部門退休撫恤金顧問等，儘管人已在柏林科學院，但歐拉仍保留在聖彼得堡的教職身分，並持續以這個身分發表作品，一共產出 380 篇，出版其中 275 種，內涵蓋分析、力學、天文、彈道、造船、航海等，歐拉的學術產值由此可見一斑。

西元 1759 年，柏林科學院院長莫貝度 (Pierre Louis Moreau de Maupertuis) 去世，歐拉在菲特烈的直接監督下工作，不善言辭的歐拉總是無法討好菲特烈的歡心，再加上院長一職將由與歐拉小有嫌隙的達倫貝爾 (Jean le Rond D'Alembert, 1717–1783) 擔任。歐拉決意離開普魯士，重新回到聖彼得堡的懷抱。

此時的俄國女王為葉卡捷琳娜二世 (Catherine II, 1729–1796)，她是俄羅斯帝國在位最久的統治者，她給歐拉的禮遇不下於皇室，甚至將自己的廚師發配給歐拉。遺憾的是歐拉得了白內障，剩餘的一隻眼睛也漸漸失去光明，但歐拉並沒有因此失落，或許是對數學的熱愛，又或者是對俄皇的感謝，歐拉在全盲時期完成了人生一半以上的作品，在任何領域都可以發現歐拉的蹤跡。正如法國數學家拉普拉斯 (Pierre-Simon Laplace, 1749–1827) 所頌讚：「研讀歐拉吧！他是我們的大師！」

歐拉的著作太豐富了！在此，我們僅列舉幾個比較有趣、熟悉的例子供讀者參閱。在幾何方面，歐拉發現並證明「三角形的外心、重心、垂心共線」，這條線今日為了紀念歐拉，就叫做「歐拉線」。[1]這是過去中學幾何學著名的難題之一。在今日歸屬為拓樸學或圖論 (graph theory) 的領域問題中，歐拉解決了**「哥尼斯堡的七橋問題」**(1735)，他在 1750 年給哥德巴赫的信中，還提到所謂的（拓樸不變量）歐拉示性數 (Euler's characteristic) $V-E+F=2$，其中 V、E 及 F 依序代表一個多面體的頂點 (vertex)、邊 (edge)，以及面 (face) 的個數。[2]

所謂「哥尼斯堡的七橋問題」，是要尋找一條路徑可以走過七座橋（如圖 1.1），而且同一座橋不得重複經過。歐拉將此一問題描述如下：

在普魯士的哥尼斯堡鎮有一個島，叫做奈發夫，普雷格爾河

---

[1] 請參閱網址 https://zh.wikipedia.org/wiki/%E6%AD%90%E6%8B%89%E7%B7%9A。

[2] 利用這個所謂的歐拉公式，我們可輕易證明：只存在有五種正（凸）多面體：正四面體、正立方體（正六面體）、正八面體、正十二面體，以及正二十面體。這五個命題是《幾何原本》第 XIII 冊（也就是最後一冊）主題，不過，歐幾里得當然不是應用此一方法證明得到。

的兩支繞流其旁。七座橋 a, b, c, d, e, f, g 橫跨這兩條支流。問：一個人能不能設計一次散步，使得每座橋都走過一次，而且不多於一次。[3]

歐拉將圖形簡化，將問題變換成為一筆畫問題，並歸納出：如果所有點中，只有兩個點連出去奇數條線，其餘皆偶數條線，則這圖形為一筆畫可完成的圖形。從簡化圖中可以看到，上、下、左、右四個點所連出去的線分別為 3、3、5、3，所以，該圖形無法一筆畫完成。

歐拉所以討論這一類問題，顯然是他想藉它的解法，引進幾何學的一種新的分支——**位置幾何學** (*geometria situs*)。且讓我們引述他的說法：

討論長短大小的幾何學分支一直被人們熱心地研究著，但是還有一種至今幾乎完全沒有探索過的分支；萊布尼茲最先提起過它，叫它「位置的幾何學」(*geometria situs*)。這個幾何學分支討論只與位置有關的關係，研究位置的性質；它不去討論長短大小，也不牽涉到量的計算。但是至今未有過令人滿意的定義，來刻劃這門位置幾何學的課題和方法。近來流傳著一個問題，它雖然無疑是屬於幾何學的，卻不是求一個尺寸，也不能用量的計算來解答；所以我毫不猶豫地把它歸入位置幾何學，特別還因為要解答它只需要考慮位置，不用計算。在這裡我要講一講我所發現的解答這個問題的方法，它可以作為位置幾何學的一個例子。[4]

---

[3] 引李文林，《數學珍寶》，頁 618。

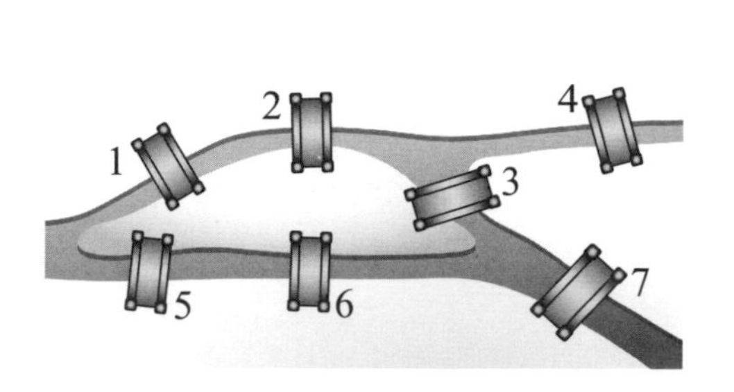

圖 1.1：歐拉插圖複製

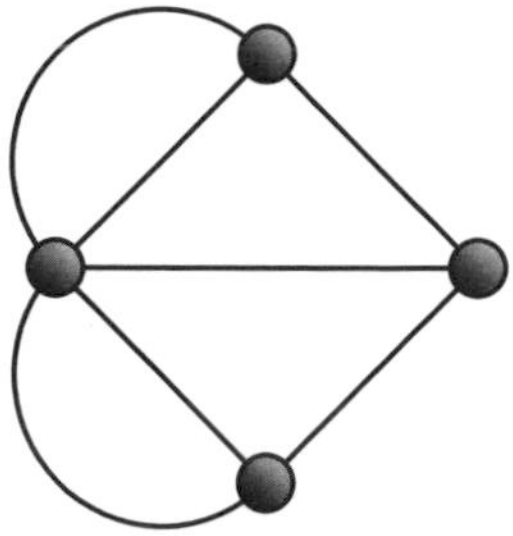

圖 1.2：七橋問題的簡化圖

在無窮級數方面，歐拉最著名的研究結果，莫過於 1737 年提出有關（黎曼）$\zeta(s)$ 函數的恆等式：$\sum_{n=1}^{\infty}\frac{1}{n^s}=\prod_p(1-\frac{1}{p^s})^{-1}$，其中 p 是質數。這個等式何以成立？

$$\text{左邊}=\sum_{n=1}^{\infty}\frac{1}{n^s}=\frac{1}{1^s}+\frac{1}{2^s}+\frac{1}{3^s}+\frac{1}{4^s}+\frac{1}{5^s}+\frac{1}{6^s}+\cdots$$

$$\begin{aligned}\text{右邊}=&(\frac{1}{1}+\frac{1}{2^s}+\frac{1}{2^{2s}}+\frac{1}{2^{3s}}+\frac{1}{2^{4s}}+\cdots)(\frac{1}{1}+\frac{1}{3^s}+\frac{1}{3^{2s}}+\frac{1}{3^{3s}}\\&+\frac{1}{3^{4s}}+\cdots)(\frac{1}{1}+\frac{1}{5^s}+\frac{1}{5^{2s}}+\frac{1}{5^{3s}}+\frac{1}{5^{4s}}+\cdots)(\frac{1}{1}+\frac{1}{7^s}\\&+\frac{1}{7^{2s}}+\frac{1}{7^{3s}}+\frac{1}{7^{4s}}+\cdots)\cdots\end{aligned}$$

由於每個自然數都可以唯一質因數分解，所以，我們在等號右邊的括號中，總是可找到對應的數之乘積。舉例來說：左式中有一項為

---

[4] 引同上，頁 617–618。

$\frac{1}{4200^s}$，利用因數分解可以得到 $\frac{1}{4200^s}=\frac{1}{(2^3\times 3^1\times 5^2\times 7^1)^s}$ $=(\frac{1}{2^{3s}})(\frac{1}{3^s})(\frac{1}{5^{2s}})(\frac{1}{7^s})$，所以只要在 2 的括號中選 $\frac{1}{2^{3s}}$ 、3 的括號中選 $\frac{1}{3^s}$ 、5 的括號中選 $\frac{1}{5^{2s}}$ 、7 的括號中選 $\frac{1}{7^s}$，其餘的括號都選 $\frac{1}{1}$，如此一來可以知道等式成立。

然而，利用等比級數公式可得：

$$\frac{1}{1}+\frac{1}{2^s}+\frac{1}{2^{2s}}+\frac{1}{2^{3s}}+\frac{1}{2^{4s}}+\cdots=\lim_{n\to\infty}\frac{\frac{1}{1}[1-(\frac{1}{2^s})^n]}{1-\frac{1}{2^s}}=\frac{1}{1-\frac{1}{2^s}}$$

$$=(1-\frac{1}{2^s})^{-1}$$

同理可推其他括號都有一樣的結果，所以

$$(\frac{1}{1}+\frac{1}{2^s}+\frac{1}{2^{2s}}+\frac{1}{2^{3s}}+\frac{1}{2^{4s}}+\cdots)(\frac{1}{1}+\frac{1}{3^s}+\frac{1}{3^{2s}}+\frac{1}{3^{3s}}+\frac{1}{3^{4s}}+\cdots)$$

$$(\frac{1}{1}+\frac{1}{5^s}+\frac{1}{5^{2s}}+\frac{1}{5^{3s}}+\frac{1}{5^{4s}}+\cdots)(\frac{1}{1}+\frac{1}{7^s}+\frac{1}{7^{2s}}+\frac{1}{7^{3s}}+\frac{1}{7^{4s}}+\cdots)$$

$$=(1-\frac{1}{2^s})^{-1}(1-\frac{1}{3^s})^{-1}(1-\frac{1}{5^s})^{-1}(1-\frac{1}{7^s})^{-1}\cdots=\prod_p(1-\frac{1}{p^s})^{-1}$$

因涉及無窮級數，如果只給出等式關係卻無法計算實際數值似乎顯得可惜，歐拉又進而計算 $s=2$ 時的解答：$\frac{1}{1^2}+\frac{1}{2^2}+\frac{1}{3^2}+\frac{1}{4^2}+\frac{1}{5^2}\cdots$ $=\frac{\pi^2}{6}$。

為了求此一無窮級數之（總）和，歐拉針對 $\sin x$ 利用泰勒展開式：

$$\sin x = x - \frac{x^3}{3!} + \frac{x^5}{5!} - \frac{x^7}{7!} + \cdots$$

等式兩邊同時除以 x，得：

$$\frac{\sin x}{x} = 1 - \frac{x^2}{3!} + \frac{x^4}{5!} - \frac{x^6}{7!} + \cdots$$

於是，$\frac{\sin x}{x} = 0$ 的解為 $x = \pm\pi, \pm 2\pi, \pm 3\pi, \cdots$，因此可得到等式：

$$\begin{aligned}\frac{\sin x}{x} &= 1 - \frac{x^2}{3!} + \frac{x^4}{5!} - \frac{x^6}{7!} + \cdots \\ &= (1 - \frac{x}{\pi})(1 + \frac{x}{\pi})(1 - \frac{x}{2\pi})(1 + \frac{x}{2\pi})(1 - \frac{x}{3\pi})(1 + \frac{x}{3\pi}) \cdots \\ &= (1 - \frac{x^2}{\pi^2})(1 - \frac{x^2}{4\pi^2})(1 - \frac{x^2}{9\pi^2}) \cdots\end{aligned}$$

比較等號左右兩式的 x^2 項係數，可得

$$-\frac{1}{3!} = -(\frac{1}{\pi^2} + \frac{1}{4\pi^2} + \frac{1}{9\pi^2} + \cdots)$$

$$\Rightarrow \frac{\pi^2}{6} = \frac{1}{1^2} + \frac{1}{2^2} + \frac{1}{3^2} + \frac{1}{4^2} + \frac{1}{5^2} \cdots$$

在分析學方面，歐拉的貢獻極大，相關著作有《無窮分析引論》、《微分學原理》及《積分學原理》等，其中最有名的，是《無窮分析引論》(*Introductio in analysin infinitorum*, 1748) 給出棣美弗公式 $(\cos x + i\sin x)^n = \cos(nx) + i\sin(nx)$[5]以及令人驚艷的歐拉恆等式：$e^{i\pi} + 1 = 0$。[6]

歐拉根據棣美弗公式 $(\cos x \pm i\sin x)^n = \cos(nx) \pm i\sin(nx)$，得到

$$\cos(nx) = \frac{(\cos x + i\sin x)^n + (\cos x - i\sin x)^n}{2}$$
$$= (\cos x)^n - \frac{n(n-1)}{2!}(\cos x)^{n-2}(\sin x)^2 + \cdots$$
$$\sin(nx) = \frac{(\cos x + i\sin x)^n - (\cos x - i\sin x)^n}{2i}$$
$$= \frac{n}{1!}(\cos x)^{n-1}(\sin x) - \frac{n(n-1)(n-2)}{3!}(\cos x)^{n-3}(\sin x)^3 + \cdots$$

如果弧 x 趨近於 0，則 $\sin x = x$、$\cos x = 1$；設 n 為無限大，但 nx 為一有限大小的量，令 $v = nx$，可得 $\sin x = x = \frac{v}{n}$，改寫後得到：

---

[5] 棣美弗公式是棣美弗 (de Moivre, 1667–1754) 最先發現，可惜，他沒有公開發表過。$i = \sqrt{-1}$ 為虛數。

[6] 美國物理學家費曼稱這是「數學最奇妙的公式」，因為其中包含五個最基本的數學元素：1、0、e、i、π。不過，這是現代數學普及著作的流行「說法」，史家並未找到足以佐證的文獻。

$$\cos v = \frac{(1+\frac{iv}{n})^n + (1-\frac{iv}{n})^n}{2} = \frac{e^{iv}+e^{-iv}}{2}$$

$$\sin v = \frac{(1+\frac{iv}{n})^n - (1-\frac{iv}{n})^n}{2i} = \frac{e^{iv}-e^{-iv}}{2i}$$ [7]

所以 $e^{iv}=\cos x+i\sin x$，此時將 $x=\pi$ 代入，將會得到 $e^{i\pi}=-1$ 的結果。

在數論方面，歐拉補足費馬的論述，證明了費馬小定理，[8]以及費馬定理 $n=3$ 的情況。[9]同時，他也破除費馬的質數猜想，費馬認為形如 $2^{2^n}+1$（n 是正整數，稱之為費馬數）的數皆為質數，歐拉則發現 $n=5$ 時，費馬數不是質數。最重要的，歐拉也發現二次剩餘互反定律 (law of quadratic reciprocity)，這是被高斯譽為「**算術寶石**」的一個現代數論之重要結果。

有關歐拉的數學成就，我們不妨參考數學家及科普作家的評價，來豐富我們的歷史想像。事實上，歐拉是最近三十年來，數學普及作家的最愛，他的七橋問題、歐拉等式等等，一直都是科普書寫最受青睞的題材。此外，有關他如何利用「不合邏輯」、但可能「合乎情理」(plausible) 的進路，而發現精彩深刻的正確結果，也成為科普作家最樂於援引的題材。譬如，數學家及普及作家威廉・鄧漢 (William

---

[7] 此處要用到 $\lim_{n\to\infty}(1+\frac{x}{n})^n=e^x$。

[8] 費馬小定理：若 p 為質數，且 p 和 a 互質，則 a^p-a 必能被 p 整除。

[9] 費馬定理：$x^n+y^n=z^n$，當 n 為大於 2 的整數時，x, y, z 沒有「非無聊的」(non-trivial) 整數解。費馬有關 $n=3$ 的證明之還原，可參閱洪萬生，〈數學女孩：FLT(4) 與 1986 年風景〉。

Dunham) 就根據歐拉的進路與方法，譬如上文提及的平方倒數級數求和的例子等等，而刻劃歐拉數學作品的典型特色：

- 歐拉極擅長運用符號表達式。
- 歐拉操控代數式更是揮灑自如，同時他也深信，如此必能導出有效結論。
- 歐拉成果最豐碩的數學策略之一，就是把同一算式寫成兩種形式，讓它們劃上等號，接著由這兩式推出強有力的結論。[10]

而所有這些，都見證了十八世紀的數學風格，我們將在本書其他章節中得到相關的印證。

儘管如此，上述鄧漢的備註無法凸顯《無窮分析引論》(*Introductio in analysin infinitorum*, 1748) 在數學史上的重大意義，儘管該書是歐拉教科書風格的書寫代表作品。為了補充此一「不足」，我們要在此引述「老派」數學史家波伊爾對此經典的高度評價：[11]

> 如果《幾何原本》是希臘古典時期的幾何學基石，《還原及對消的規則》(作者阿爾・花拉子密) 為中世紀的代數學基石，那麼，《無窮分析引論》就可以說成是分析學的拱心石。[12]

---

[10] 參考鄧漢，《數學教室 A to Z》，頁 74–75。鄧漢在該書中所舉例子不同，但歐拉的進路則類似，可以互參。

[11] 波伊爾之所以「老派」，是因為他的數學史著述動機相當意在數學教學（或 HPM），這或可解釋何以他在 *A History of Mathematics* 各章末，都設計一些有趣的（歷史）作業，供讀者參酌使用。

波伊爾還進一步說，1748 年出版的《無窮分析引論》（兩冊）是十八世紀下半葉分析學蓬勃發展的活水源頭。從那開始，函數就變成為分析學的根本概念，而且事實上，函數記號 $f(x)$ 也是歐拉建議使用的。[12]

當然，也由於歐拉在《無窮分析引論》中將單變量函數定義為：「由該變量與數或常量任意構成的一個解析式」(analytic expression)。[13]後來，由於弦振動（偏微分）方程的解之爭議，他對此一定義有所修正，我們將在第 1.3.3 節略加說明。

1.2 白努利家族

西方數學史上最龐大的數學家族非白努利莫屬。[14]白努利家族三代總共出了八個數學家（見本章附錄），最具代表性的有三位，一是開啟白努利家族走上學術研究的先鋒雅各一世、再來是家族之中最多作品的約翰一世 (Johann Bernoulli, 1667–1748)、最後是家族之中最傑出的丹尼爾。

緊接著，我們隨即在下文簡介這個數學家族成員的生平事蹟。本節最後，我們將綜合評價這個家族的數學成就。

雅各一世與約翰一世的父親十分反對他們以數學為業，原本打算讓他們從政或從商，但雅各一世興趣強烈，透過自學，在三十二歲那年成為巴賽爾大學的教授，並尾隨萊布尼茲的腳步研究微積分，甚至

---

[12] 引 Boyer, *A History of Mathematics*, p. 485。

[13] 引同上。

[14] 當然，如果論及朝鮮王朝的世襲「中人算學者」，那麼，其人數當然更多。不過，這些都是技術官僚人才，不太像是歐洲大學或科學院的研究人員。有關朝鮮數學史，請參考《數之軌跡 II：數學的交流與轉化》第 5 章。

比萊布尼茲研究的更加透徹。有這位哥哥做先驅，約翰一世在數學的求學路上會輕鬆一些，靠著哥哥的指導，加上自己的聰明才智，兩年內他的數學實力已與哥哥並駕齊驅，而此時的約翰一世也不過才十三歲。兄弟兩人很快就認識到微積分的重要性，並投注大量心力在研究這方面的問題上。約翰一世除了學習成效驚人之外，傳授學問的功力也很出色，除了從家譜表（見章末附錄）我們可以看到，白努利的數學家大部分都系出於他，而且，他還培育出歐拉及羅畢達 (Guillaume François Antoine Marquis de l'Hôpital, 1661–1704) 兩位傑出的數學家。

雅各一世與約翰一世曾共同研究懸鏈線 (catenary) 問題：

> 一條繩子的兩端掛在同一個水平高度，讓繩子只受到重力影響下垂，試問繩子的曲線方程式為何？

兩人找出答案之後，約翰一世更進一步考慮繩子的厚度以及重量不均勻時的解答。當世人以為是雅各一世發現時，約翰一世寫信給一位朋友為自己辯護，指出他哥哥的努力並沒有結果，而他依然想證明懸鏈線是拋物線的一種。但事實上，拋物線的方程式是代數式 ($y = ax^2 + bx + c$)，而懸鏈線卻是涉及超越數的方程式 $y = \frac{1}{2}(ae^{\frac{x}{a}} + ae^{\frac{-x}{a}})$。該信口吻相當輕蔑，可以看出約翰一世不甘心活在哥哥的陰影之下，即便雅各一世算是帶領他進入研究領域的啟蒙者。

西元 1695 年，哈勒 (Halle) 大學與格羅寧根 (Groningen) 大學同時邀請二十八歲的約翰一世擔任教授，他選擇了後者。隔年，他就提出最速降線 (brachistochrone curve) 問題：

> 兩點高度不同，且不在同一條鉛直線上，從高點不受外力滑到低點，試問當軌跡為何時，所花的時間最短？

解決這個問題的人有五位，分別是：雅各一世、約翰一世、牛頓、萊布尼茲，以及羅畢達。約翰一世的想法最特別，他憑藉著對物理的直覺，以及敏銳的思緒，將力學問題跟光學連結起來，進而解決問題，甚至發現最速降線與等速降線都是擺線。

白努利兄弟鬩牆不只是弟弟的問題。如果你覺得雅各一世是一位心地善良的哥哥，那就錯了。雅各一世為了自己的聲名也是大肆向世人說：約翰一世是我的學生，他只會重複說著從我那學來的東西。他反擊的背後，相信也是帶著不情願看到弟弟的耀眼光芒吧。

上文提及的羅畢達，與現代微積分課程中的「**羅畢達法則**」**(l'Hôpital rule)** 有關。他之所以會和另外四人一起出現在解決問題名單中，是因為他得到約翰一世的幫助。約翰一世早期受聘當貴族出身的羅畢達之私人家教，後來，為了證明自己超越哥哥，於是，向當時學術界澄清自己的創作，好讓大家知道他自己的發現比哥哥還多。到這個時期，他開始宣傳哪些人的成就是由於他的協助。其中最令人熟悉的，莫過於前述求極限中的「羅畢達法則」。這原本是約翰一世所發現，但後來學術界認為羅畢達已支付約翰一世教學費用，相當於已經將這個發現「買斷」，或許這也解釋了何以目前微積分教科書仍以羅畢達法則為名。

現在，我們介紹上引白努利家族的第三代。約翰一世雖然有三位兒子成為數學家，但其中最為出色的是丹尼爾。約翰一世極力阻止丹尼爾成為數學家，他希望丹尼爾成為商人。至於丹尼爾的數學是從哪裡學來的，我們目前還無從定案，但不外乎是父親約翰一世及哥哥尼

古拉二世的教導。事實上，在父親的推介下，尼古拉二世與丹尼爾從小就認識歐拉。西元 1725 年，俄國新成立聖彼得堡科學院，聘請丹尼爾與哥哥前來協助發展，尼古拉二世不幸因水土不服，任職不到八個月就去世了！於是，約翰一世推薦歐拉在 1727 年到聖彼得堡與丹尼爾一起工作。

從這插曲看來，約翰一世應該是位稱職的父親吧。其實不然，約翰一世與他的哥哥都是萊布尼茲的支持者，他們盡可能反對牛頓的一切，然而，丹尼爾卻是牛頓的支持者。這對父子注定在學術上互相衝撞，兩人於 1734 年共同分享巴黎科學院的競獎，這使約翰一世感到不悅。同年，丹尼爾又獲得巴賽爾 (Basel) 大學講席，約翰一世甚至禁止兒子回家。但這些都還不是最糟糕的事情。

丹尼爾的成名著作《流體力學》於西元 1734 年完成，他的父親對於兒子的成就相當眼紅，也出版一本《水力學》(*hydraulics*)，並將成書日期定在 1732 年，由於內容與丹尼爾的著作十分雷同，相當容易讓人誤會丹尼爾的作品抄襲他的父親。丹尼爾在 1743 年給歐拉信中提到：我被父親打劫了，那是我十年的心血。

除了擺線相關的研究之外，白努利家族在數學、物理上還有許多成就，在此僅列舉一些可能比較淺易能解的例子，聊供讀者參考。

雅各一世在《猜度術》(*Ars conjectundi*) 中，試圖去探究 $1^r+2^r+3^r+\cdots+n^r$ 的總和，並研究 n 的係數。爾後，棣美弗以白努利這個姓氏，為這個函數命名並稱做 B_n，舉例來說：

$1^0+2^0+3^0+\cdots+n^0=n$，則 $B_0=1$

$1^1+2^1+3^1+\cdots+n^1=\dfrac{n^2+n}{2}$，則 $B_1=\dfrac{1}{2}$

$$1^2+2^2+3^2+\cdots+n^2=\frac{2n^3+3n^2+n}{6}\text{，則 }B_2=\frac{1}{6}$$

$$1^3+2^3+3^3+\cdots+n^3=\frac{n^4+2n^3+n^2}{4}\text{，則 }B_3=0$$

$$\vdots$$

雅各一世也在 1691 年在《教師學報》(*Acta Eruditorum*) 上發表有關直角坐標與極坐標轉換的論文，他以「**白努利雙紐線**」為例（如圖 1.3），在直角坐標上的表示法為 $(x^2+y^2)^2=a^2(x^2-y^2)$，其中 a 是常數，但如果用極坐標表示，則為 $r^2=a^2\cos 2\theta$，明顯簡潔許多，也因此雅各一世被認為是極坐標的發明人之一。

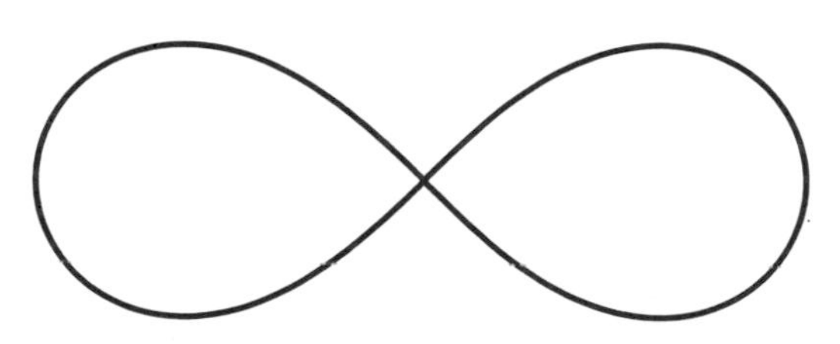

圖 1.3：白努利雙紐線 $(a=1)$

另一方面，丹尼爾在《流體力學》中留下「白努利定理」。有了這個定理，人類發明飛行機器，翱翔在空中不再只是夢想，其表達式如下：

$$\frac{1}{2}\rho v^2+\rho gh+p=c$$

其中，$\rho=$ 流體密度，$v=$ 流體速度，$g=$ 重力加速度，$h=$ 流體所處的高度，$p=$ 流體所受的壓力強度，$c=$ 常數。根據這個式子，我們可以進一步推論，速度越快壓力越小，其間的壓力差可以形成一股上升力量，幫助飛機起飛。[15]

以上簡介白努利家族的數學成就，現在，且讓我們試圖對於他們的貢獻尋求一個歷史定位。牛頓與萊布尼茲固然是發明微積分的偉大建築師，然而，要讓這棟大廈成形，還是需要一支建設團隊，才能將牛頓與萊布尼茲的願景變成為我們今日所熟悉的結構體。而這支團隊就是由雅各一世及約翰所領導，他們一起研讀萊布尼茲在 1684–1686 年間所發表的論文，破解其晦澀表達方式，充實其細節，並且與萊布尼茲以及其他學者通信，最終成就了微積分知識的融貫 (coherence)、結構與術語。事實上，就是在他們的手中，微積分以及導數的基本法則、積分的技巧乃至於初等微分方程的解，都變成為今日一般學生都可以掌握的一種知識形式。而這，或許就是數學史家為這個家族在數學史上安置一個篇章的主要原因吧。[16]

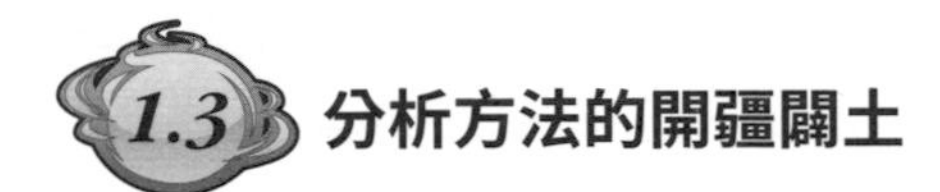

1.3 分析方法的開疆闢土

分析學的誕生嚴格來說要從牛頓、萊布尼茲發明微積分開始（見《數之軌跡 III：數學與近代科學》第 4 章），他們兩人先後「證明」微積分基本定理

$$F'(x)=f(x) \Leftrightarrow \int f(x)dx = F(x)+c$$

---

[15] 這個上升的助力究竟有多大，物理學界莫衷一是，尚無定論。

[16] 參考 Dunham, *The Calculus Gallery*, pp. 35–36。

其中 c 是常數。亦即，微分與積分互為反運算。從此，數學發生了大躍進，藉由微積分這一門學問，數學家將其用在無窮級數、常微分方程式、偏微分方程式、微分幾何、複變函數論，以及變分學等領域。這個由微積分所發展出來的學科，我們稱之為（數學）分析學(analysis)，它在十八世紀之後，成為與幾何學、代數學三足鼎立的主流學科。

1.3.1 無窮級數

吾人接觸無窮級數可以追溯到阿基米德（Archimedes，西元前 287– 前 212）求得圓周率，他利用圓的內接正多邊形與外切正多邊形來逼近圓面積，從而求得圓周率之近似值（見《數之軌跡 I：古代的數學文明》第 3.5.3 節）。到了十四世紀，奧雷姆 (Nicole Oresme, 1323–1382) 在他的筆記本內記下：

$$1+\frac{1}{2}+\frac{1}{3}+\frac{1}{4}+\frac{1}{5}+\cdots>1+(\frac{1}{2}+\frac{1}{2})+(\frac{1}{4}+\frac{1}{4}+\frac{1}{4}+\frac{1}{4})+\cdots$$

至此，數學家開始意識到，並不是所有無窮級數都可以算出答案。

在十七世紀微積分發明之後，人們開始尋找更複雜的無窮級數，如英國數學家格列高里 (James Gregory, 1638–1675) 在 1671 年發現

$$\tan x=x+\frac{x^3}{3}+\frac{2}{15}x^2+\frac{17}{315}x^7+\cdots$$

$$\sec x=1+\frac{x^2}{2}+\frac{5}{24}x^4+\frac{61}{720}x^6+\cdots$$

在這一方面，萊布尼茲算是佼佼者，他找到許多這種類型的無窮級數，其中最著名的莫過於如下：

$$\frac{\pi}{4}=1-\frac{1}{3}+\frac{1}{5}-\frac{1}{7}+\cdots$$

雖然逼近的「**速度**」很慢，但在當時這算是一個創舉（這個級數現在就稱之為萊布尼茲級數，是無窮級數展開式求 π 近似值的「起手式」），有助於吾人追求 π 的更精確近似值。

格列高里及稍後的萊布尼茲早在西元 1670 年已發現泰勒展開式 (Taylor's expansion)，但兩人都未發表。1694 年，第一個正式發表在著作中的是約翰一世・白努利。而泰勒 (Brook Taylor, 1685–1731) 則是在 1715 年在著作《正的及反的增量方法》中提到他自己於 1712 年發現（後來稱做泰勒展開式）的級數：

$$f(x)=f(a)+\frac{f'(a)}{1!}(x-a)+\frac{f''(a)}{2!}(x-a)^2+\frac{f'''(a)}{3!}(x-a)^3+\cdots$$

由於泰勒並未參考前人的作品，且使用其他的證明手法，故吾人仍沿用他的名字泰勒來命名以資紀念。這個方法可以透過冪級數來研究函數，堪稱是呼應牛頓將冪級數稱之為「**無限多項式**」**(infinite polynomial)** 的類比進路。

1.3.2 常微分方程式

十七世紀的數學家除了解決數學上的問題之外，更渴望利用數學來處理物理上的問題。事實上，這也是十八世紀微積分不斷發展的動力。其中，較基本的問題都能用初等函數（elementary functions，如多項式函數、指數函數、對數函數等）來表達，[17]但較複雜的問題（如：橢圓積分）必須加入微積分的概念，這意味著解方程式的技巧必須有所提升，於是，微分方程 (differential equation) 乃應運而生。[18]不過，十七世紀的牛頓和萊布尼茲都在有關曲線的研究中，求解過微分方程，但是，在他們之後，數學家對於求解之方程式的表達方式，則轉變成為我們目前所熟悉的形式，也就是說，他們逐漸將重點從曲線及其相關的幾何變量之研究，轉移到含有一個或多個變量及某些常量的解析表示式。如此一來，這些微分方程的解也決定了所需要的函數。[19]無怪乎函數概念的演化會自然地連結到（偏）微分方程式的解，那將是我們下一小節 (1.3.3) 的主題之一。

現在，回來考察物理學家所關心的物理問題。在十七世紀，伽利略以他的《兩門新科學》的第一、二天對話錄，[20]討論梁柱的形狀變化，虎克 (Robert Hooke, 1635–1703) 研究彈簧的變形，這些都促成彈性問題 (problem of elasticity) 的現身。到了十八世紀，由於微積分發展所引進的許多新的分析工具，使得相關的微分方程問題應運而生，

---

[17] 這些初等函數其實也是現在微積分教本的主要處理對象。

[18] 數學史家葛羅頓－吉尼斯評論說 differential equation 是個奇怪的詞彙，因為它按字面意思，就是關連到 differential 的方程式 (equation)，然而，在微分方程式中，我們卻看不到 differential。參見 Grattan-Guinness, “What Was and What Should Be the Calculus?”。

[19] 參考卡茲，《數學史通論》（第 2 版），頁 425。

[20] 《兩門新科學》的第三、四天對話錄主題則是我們所熟悉的運動學。可參考《數之軌跡 III：數學與近代科學》第 2.2 節。

諸如惠更斯 (Huygens, 1629–1695) 解決擺線問題、萊布尼茲分析等時線 (isochrone)、雅各一世・白努利提出的懸鏈線等。為此，萊布尼茲在 1695 年提出解決形如 $y'+P(x)y=Q(x)(y'=\dfrac{dy}{dx})$ 微分方程式，隔年，雅各・白努利接著提出：

$$y'=P(x)y+Q(x)y^n$$

的更一般解法，故這類型的方程式又稱作「**白努利方程式**」。[21]事實上，雅各・白努利也是最先以微積分的分析方式解微分方程的數學家之一。譬如，針對前述的等時問題：「尋找一條曲線使得單擺在其上能做等時距的完全振盪，無論其振弧大小」，他將此方程式表示如下：

$$dy\sqrt{b^2y-a^3}=dx\sqrt{a^3}$$

並且根據微分量 (differential) 的相等，導出其「**積分**」(integral，此一名詞首次出現）必然也相等，最後得到此方程的解如下：

$$\frac{2b^2-2a^2}{3b^2}\sqrt{b^2-a^3}=x\sqrt{a^3}$$

這是代表擺線的（代數）方程式。他將此一結果發表於 1690 年。在同一篇論文中，他也提及可變形但不能伸縮的繩索兩端固定時所描述的

---

[21] 參閱 https://www.youtube.com/watch?v=SJ7uPSnSmtE。

曲線。此一曲線被萊布尼茲稱之為懸鏈線 (catenary)。然而，他卻未能解出其代數方程表現式。不過，隔年他的兄弟約翰・白努利、萊布尼茲以及惠更斯都各自獨立地給出解。其中，萊布尼茲與約翰的解都出自微積分的方法。此一微分方程可以表現如下：

$$\frac{dy}{dx}=\frac{s}{c}$$

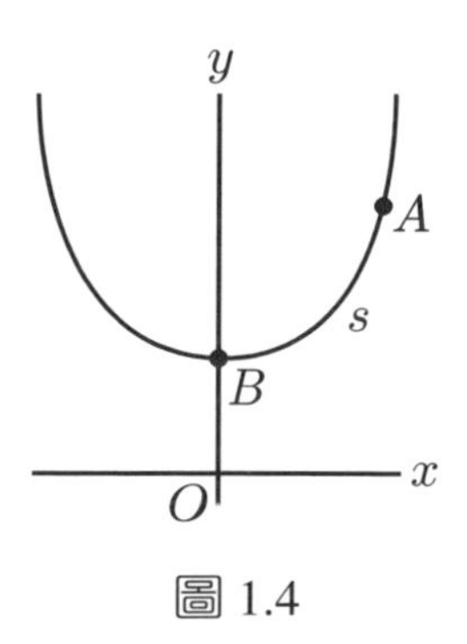

圖 1.4

參考圖 1.4，其中 s 是從 B 點到任意點 A 的弧長，c 依這條繩索的重量而定。最後，此一微分方程的解（函數）是 $y=c\cosh(\frac{x}{c})$。

我們在第 1.2 節已經提及此一插曲，在此，茲引述約翰在 1718 年致友人的一封信，其中，他非常自豪地給出如下的評論，充分見證他們家族激烈競爭的緊張關係，真是令人匪夷所思：

> 我的兄弟之努力已付諸東流，我還是相當的幸運，因為我發現其完全解決之訣竅（我並非自吹自擂，我為何要掩蓋真

> 理？）並且將它化約成為拋物線的求長問題 (rectification of a parabola)。它花費了我整個晚上的時間，這對我當時的年齡來說，實在有一點過度操勞。但在第二天早晨，我滿懷著歡欣之情，跑到我兄弟（雅各）那裡，他仍在為這個難解的問題愁苦掙扎而未得絲毫進展。他一直跟伽利略一樣，認為懸鏈線就是拋物線。停！停！我對他說別再為企圖證明懸鏈線就是拋物線而折磨你自己，因為這種想法完全是錯誤的。懸鏈線的作圖需求助於拋物線，但其中一個是代數的 (algebraic)，另一個是超越的 (transcendental)，……。但你斷言我的兄弟已經解決了這個問題，……我請問你，你是否仔細想過若我的兄弟已經解決了這個問題，他會願意將我列為解題者，這就如同將能夠與惠更斯、萊布尼茲並列為解題者的榮耀讓給我？[22]

還有一種形式的微分方程式，是由義大利聲學家利卡提 (Jacopo Francesco Riccati, 1676–1754) 所提出並解決，形如：

$$y' = P(x) + Q(x)y + R(x)y^2$$

因此，又稱作「**利卡提方程式**」。[23]根據數學史家克藍因 (Kline) 的說明，「利卡提的成就所以突出，不只因為他解決第二階方程式，而且因

---

[22] 引克藍因，*Mathematical Thought from Ancient to Modern Times*, p. 473。中譯版本參考克藍因，《數學史》中冊，頁 473。

[23] 參閱 https://www.youtube.com/watch?v=1OzvRoD1xnM。

為他有著將第二階方程式轉化成為第一階的想法。」「這種將常微分方程的階次降低的進路，是處理高階的常微分方程之主要方法。」[24]

以上，我們描繪了常微分方程發展的一個極為粗疏的輪廓。不過，這似乎也反映了一個史實，那就是誠如史家克藍因所指出：常微分方程的早期研究和十七至十八世紀初期的微積分一樣，只限於數學家之間的書信往來流傳，許多資料現在都已流失。數學家所發表的，只是重複他們在通信中所建立或討論的成果。這就可以很好地解釋何以某人如發表其相關成果，往往招惹其他人的議論說他們早已發現那些結果。至於所需的證明，往往只是一筆帶過，我們無從得知作者是否有完整的步驟，同時，一般解法只依托在特殊的事例。由於這些原因，即使我們忽略有關嚴密問題，還是難以相信其結論就是發表人的成就。[25]

1.3.3 偏微分方程式

偏微分方程式的誕生與常微分方程式一樣，數學家在尋找物理真相的過程中，特別是關於波的運動，例如：弦振動軌跡、聲音在空氣中傳播，以及樂器所發出來的聲音等等現象的探討，他們針對這些問題求解而建構方程式時，都會涉及到偏微分運算，因此，十八世紀的數學家開始積極投入探索這個領域。事實上，第一篇偏微分方程的純數學研究成果，是歐拉在 1760 年代所貢獻的。

偏微分方程式最早出現在 1740 年代，歐拉及達倫貝爾各自的作品中，包括內容涉及彈性弦的振動，因為振動幅度小，在處理時只好使

---

[24] 引克藍因，《數學史》中冊，頁 106。

[25] 引同上，頁 92–93。

用偏微分來處理，其涉及變數除了時間 t 之外，還納入另一個自變數 (independent variable)。在 1746 年達倫貝爾研究弦振動之前，偏微分方程式只被當作滿足某些條件的方程式 (equations of condition)，而且數學家通常只求特殊解。爾後經由達倫貝爾的研究，才知道一般解 (general solution) 和特殊解 (special solution) 的區別，從而認為一般解較為重要。在當時，人們尚未體會到滿足初始條件或邊際條件的特殊解，比一般解更有用，譬如，拉普拉斯在他的《天體力學》(1799) 中，還在抱怨他按球面坐標表示的勢方程 (potential equation)，就無法被積分成一般的形式。歐拉與達倫貝爾從弦振動方程所獲得的一般解，並未比滿足初始條件及邊界條件的特殊解更有用，這個事實的體會在十八世紀並未發生。[26]

在這個關聯中，我們簡要說明函數概念演化 (evolution of the function concept) 上的一個插曲，那就是有關弦振動方程（或波動方程 wave equation）的解（函數）所涉及的爭議——弦振動爭議 (the vibrating-string controversy)。數學史家葛羅頓－吉尼斯 (Ivor Grattan-Guinness) 有關此一事件的評論值得引述如下，他指出在這個爭議中：

> 十八世紀分析學的全部（內容）都受到檢視：函數論、代數角色、實數線連續體，以及（無窮）級數的收斂，等等。[27]

有關函數概念在歐拉之前的演進，參考《數之軌跡 III：數學與近代科學》第 4.3 節。西元 1747 年，針對弦振動問題 (Vibrating-String Problem)：

---

[26] 參考克藍因，*Mathematical Thought from Ancient to Modern Times*, p. 542。

[27] 引 Kleiner, "Evolution of the Function Concept: A Brief Survey"。

給定一條長度為 l 的彈性弦兩端固定於 $(0, 0)$ 及 $(0, l)$。當它被拉扯某種起始形狀、並於放鬆後振動。試找出描述（時間 t 的）振動弦的形狀之函數。

達倫貝爾將此問題「翻譯」成如下偏微分方程式：

$$\frac{\partial^2 y}{\partial t^2} = a^2 \frac{\partial^2 y}{\partial x^2}$$

其中，a 為常數，$y(t, x)$ 為弦上的點 x 在時間 t 的形狀。利用邊界條件 $y(0, t) = 0$, $y(l, t) = 0$，以及初始條件：

$y(x, 0) = f(x)$（亦即當 $t = 0$，弦被拉成 $f(x)$ 的形狀）

$\frac{\partial y}{\partial t}$ 在 $t = 0$ 時其值為 0

他得出所謂的「**最一般解**」$(a^2 = 1)$ 可如下表示：

$$y(x, t) = [\varphi(x + at) + \varphi(x - at)]$$

同時，在區間 $[0, l]$ 上，

$$y(x, 0) = f(x) = \varphi(x),\ \varphi(x + 2l) = \varphi(x) \quad 且 \quad \varphi(-x) = -\varphi(x)$$

其中 $\varphi(x)$ 是「**任意的**」函數。因此，φ 在 $[0, l]$ 上是由該弦的起始形狀所決定，而且延續成為週期為 $2l$ 的奇週期函數。[28]

針對這個問題，歐拉在兩年後也得到自己的解，但不同於達倫貝爾之處，在於 $f(x)$ 這個初始形狀可允許的函數類型。對達倫貝爾來說，他認為函數 $\varphi(x)$（從而 $f(x)$）必須是一種解析式，亦即，它必須由一個公式來表示。然而，從物理現象切入，歐拉注意到弦的初始形狀可以是任意的，即使有函數的不可微之孤立點，我們仍然可以視這條曲線為弦振動方程的解。因此，他認為達倫貝爾的解不可能是「**最一般性的**」。還有，正因為他所謂的「不連續的」曲線可能由幾個連續的部分所構成，因此，歐拉後來釐清連續曲線與不連續曲線的差別之後，就不再堅持函數必須由單一的解析表示式來定義。於是，在 1755 年，他給函數下一個新的定義：

> 如果某些量這樣依賴於另一些量，當後者變化時，它也隨著變化，那麼稱前者是後者的函數。[29]

歐拉與達倫貝爾如何求解弦振動方程，限於篇幅我們無法深入說明。[30]現在輪到丹尼爾・白努利 (Daniel Bernoulli) 登場。他是約翰一世・白努利的兒子，他們數學家族第三代的主要代表，根據第 1.2 節有關他的傳略之描述，他本質上是個物理學家，因此，他的求解偏微

---

[28] 根據十八世紀數學家的「信仰條款」(article of faith)：「若兩個解析式在一個區間上相等，則它們會到處相等。」 參考 Kleiner, "Evolution of the Function Concept: A Brief Survey"。

[29] 引蔡志強，〈積分發展的一頁滄桑〉。按：歐拉的函數之導數還是有間斷點。

[30] 可參考克藍因，《數學史》中冊，頁 128–142；或蔡志強，〈積分發展的一頁滄桑〉。

分方程，就完全訴諸物理的思維進路。比如說吧，他就依據這個問題的物理特性、樂弦振動等已知事實，而得出如下的解：

$$y(x,\ t)=\sum_{n=1}^{\infty} b_n \sin\frac{n\pi x}{l}\cos\frac{n\pi at}{l}$$

這當然表示「任意」一個函數 $f(x)$ 在區間 $(0, l)$ 上可以表現為下列正弦之級數：

$$y(x,\ 0)=\sum_{n=1}^{\infty} b_n \sin\frac{n\pi x}{l}$$

丹尼爾只對物理有興趣，因此，他未曾給出函數之定義，至於他所謂的「**任意函數**」，是指振動弦的「任意形狀」。不過，達倫貝爾與歐拉都批評白努利的解是荒謬的，因為他們認為既然 $f(x)$ 與 $\sum_{n=1}^{\infty} b_n \sin(\frac{n\pi x}{l})$ 在區間 $(0, l)$ 上相等，則依據「**信仰條款**」，它們應該處處相等才是，然而，「任意函數」不可能都是奇週期函數。儘管如此，白努利還是反駁達倫貝爾與歐拉的解是「提供了美麗的數學沒錯，但是，這究竟與振動弦有何關係呢？」[31]無論如何，他們爭議的焦點其實在於何種函數可以展開成為三角級數的問題上。丹尼爾是第一位堅持任意函數都可以表現成為三角級數和的數學家，他的觀點至少為後來的傅立葉級數之發展，奠定了物理面向的基礎。

傅立葉 (Jean-Baptiste Joseph Fourier, 1768–1830) 於 1807 年向法

---

[31] 參考 Kleiner, “Evolution of the Function Concept: A Brief Survey”。

蘭西科學院提交一篇論文〈熱的傳播〉(*Memoire sur la propagation de la chaleur*)，[32]開啟後來以他為名的傅立葉級數之研究，當然，其數學主題本質上就連結到函數的概念。他的完整研究最後收入《熱力學解析》(*Analytic Theory of Heat*, 1822)，其主要結果如下：

> 任意定義在 $(-l, l)$ 上的函數 $f(x)$ 都可以表現為此區間上的正弦與餘弦的一個無窮級數：
>
> $$f(x)=\frac{a_0}{2}+\sum_{n=1}^{\infty}(a_n\cos\frac{n\pi x}{l}+b_n\sin\frac{n\pi x}{l})$$
>
> 其中係數 a_n 與 b_n 分別表示如下：
>
> $$a_n=\frac{1}{l}\int_{-l}^{l}f(t)\cos\frac{n\pi t}{l}dt,\ b_n=\frac{1}{l}\int_{-l}^{l}f(t)\sin\frac{n\pi t}{l}dt$$

針對這個定理，傅立葉的「證明」即使按十九世紀的標準，仍然稱不上嚴密，同時，他也必須說服十八世紀數學社群的兩大質疑：(1)他的級數（亦即傅立葉級數）的那兩組係數對任意函數 $f(x)$ 都可以計算，而且，(2)在 $(-l, l)$ 上任意函數 $f(x)$ 都可以被表現成為傅立葉級數。針對(1)，傅立葉將 a_n 與 b_n 詮釋為面積，從而未必由解析式所表示的「任意」函數就有了意義。針對問題(2)，傅立葉以多種函數為例計算

---

[32] 傅立葉是裁縫之子，十六歲就擔任軍事學校的教師，二十七歲時轉往巴黎工藝學院任教，不久即升任分析學講座，並於 1807 年被推選為法蘭西科學院院士。西元 1794 年，他公開批判革命政權腐敗，引發了終究送往斷頭臺的逮捕令。幸而早在他被執行死刑之前，掌控政局的雅可賓黨領袖羅伯斯庇爾早一步被處決，他才得以釋放出獄。1798 年，拿破崙邀他加入埃及遠征隊，1801 年返國後，他被派任東南地區的伊澤爾省行政長官。1812 年，他的經典《熱力學解析》問世，旋即被聘為法蘭西科學院永久祕書。參考穆西亞拉克，《蘇菲的日記》，頁 298–299。

a_n 與 b_n，所取數值不大，但都注意到 $f(x)$ 的傅立葉級數前幾項在區間 $(-l, l)$ 內與 $f(x)$ 值的密合現象。這個（根據 1807 年版本修訂的）結果與拉格朗日 (Joseph-Louis Lagrange, 1736–1813) 有關弦振動問題的解互相矛盾，[33]因此，身為審查人之一的他，就擱置該論文在科學院《研究報告》上發表，並要求傅立葉提出嚴格的論證。儘管如此，a_n, b_n 與面積概念的連結卻迫使數學家重新檢視積分概念，[34]而後發展成為測度論或實變分析，我們將在第 4.4 節略加說明。其實，傅立葉級數展開問題也引導康托爾 (Georg Cantor, 1845–1918) 發明集合論。我們也將在第 3.5 節簡單交代。

至於傅立葉被認為是函數概念演化方向，邁出革命性步驟的數學家。數學史家卡茲 (Victor Katz) 說明此一插曲時，特別提到：傅立葉回答什麼類型函數可被三角函數級數表現時，先定義了他所謂的函數：

> 一般地，函數 $f(x)$ 代表了一系列的值與縱坐標，它們的每一個都是任意的。在給出橫坐標 x 的無窮多值的同時，存在同等數量的縱坐標 $f(x)$。所有這些都有實際的數值，或者為正、為負或為零。我們並不假定這些縱坐標遵從於一個公共

---

[33] 參考克藍因，*Mathematical Thought from Ancient to Modern Times*, pp. 510–513。

[34] 同上。蔡志強在他的〈積分發展的一頁滄桑〉中，針對在此關聯中面積概念的現身，提出了極有洞識的觀察：十八世紀及十九世紀初的數學家都利用原函數來計算定積分，「即使有人認為求積分就是相當於求面積，但也不是主流。因此，若堅持求函數 $\varphi(x)$ 定積分是求其對應的原函數，那麼 $\int_a^b \varphi(x)dx$ 的存在性就得基於 $\varphi(x)$ 必須滿足十八世紀數學家意義下的連續（也就是解析表示式），而且可由『反微分』計算出來。這麼多的要求，當然也就使得 $\int_a^b \varphi(x)dx$ 的存在性極為可議了！」

> 的法則；他們以任何一種隨意的方式連接，給出它們中的每一個就好像它是單個的量一樣。[35]

現在，讓我們回到偏微分方程的求解工作本身。十八世紀的數學家知道求解偏微分方程，新的技巧並未被發明出來，但與常微分方程不同之處在於，任意函數可能出現在其解之中。於是，他們試圖將它轉換成常微分方程來求解，拉普拉斯和拉格朗日先後提出解法策略：利用分離變數法 (separation of variables)，將偏微分方程轉換成常微分方程時，亦即將偏微分方程視作可積分。至於丹尼爾・白努利與拉普拉斯分別解波動方程及勢方程時，都使用級數法，試圖將相關函數展開成特殊函數 (special function) 的（無窮）級數。

十八世紀偏微分方程研究的主要貢獻，在於透露它們在彈性體、流體力學，以及重力吸引問題上的重要性。但是，除了拉格朗日在一階方程的研究個案之外，並未曾有一般性的方法被發展出來，以特殊函數為級數項的展開式的方法之潛力，也未獲應有的重視。數學家的努力方向還是以解源自物理的特殊方程式。總之，此時的偏微分方程的理論還在孕育階段。[36]

1.3.4 複變函數論

複變函數最早出現在 1752 年，達倫貝爾研究流體力學時，發現當平面上的點 (x, y) 趨近於一個給定點時，複值函數 $u(x, y) + iv(x, y)$

---

[35] 引卡茲，《數學史通論》（第 2 版），頁 563。

[36] 這個結論主要參考克藍因，*Mathematical Thought from Ancient to Modern Times*, pp. 542–543。

如果導數存在，則必須滿足下列兩個條件：$\frac{\partial u}{\partial x}=\frac{\partial v}{\partial y}, \frac{\partial u}{\partial y}=-\frac{\partial v}{\partial x}$。歐拉在 1774 年研究複變函數的積分時，也曾導出同樣條件。最後，由於柯西、黎曼 (Georg Friedrich Bernhard Riemann, 1826–1866) 進行更深入研究，所以，這兩個偏微分方程就叫做柯西—黎曼方程 (Cauchy-Riemann equation)，紀念他們的貢獻。

高斯對複變數函數也做出一些重要的成績，在西元 1811 年，他在給貝塞爾 (Friedrich Wilhelm Bessel, 1784–1846) 的信中，針對積分 $\int\frac{dx}{x}$ 指出吾人有必要將虛數極限列入考慮。接著，高斯問道：

> 當吾人以 $a+bi$ 為上界時，積分 $\int\phi(x)dx$ 的意義為何？必需假設 x 是無限小增量前進直到 $a+bi$，對於一個增加量，積分為 0，再將所有的 $\phi(x)$ 累加起來……

然而，在複數平面上，從 x 到 $a+bi$ 的路徑為曲線，當然不只一條。所以，高斯相信：若 $\phi(x)$ 為單值函數，並在兩曲線圍成的區域內，其值為有限，則 $\int\phi(x)dx$ 只有一個答案。雖然高斯並沒有證明，但他肯定：若 $\phi(x)$ 值為無限，則 $\int\phi(x)dx$ 可能會有許多答案，這取決於封閉路徑內有多少點使 $\phi(x)$ 為無限值。高斯舉例說明：給定 $\int\frac{dx}{x}$，如果從 $x=1$ 到 $a+bi$，只要積分路徑不圈住 $x=0$，則所得到的積分值唯一；如果圈住 $x=0$ 則需要在前一種積分值上加上 $2\pi i$ 或 $-2\pi i$，因此不只有一個值。

1.4 沙龍與科學院

十八世紀的歐洲社會有一個獨特的文化場所——沙龍 (salon)。沙龍一詞直到 1664 年，才在法文中有明確的線索可稽。最先，它指的是城堡的接待大廳，當作空間概念來使用，之後才逐漸和文化的用法接軌。

就廣義的角度來說，沙龍代表的是一個非目的性的、非強迫性的社交形式，其凝聚點由一位婦女所構成。有些沙龍的座上賓會參加「定期聚會」，並無特殊的訴求，這種即是所謂的「常客」，他們喜好彼此進行友誼的交流。這些人分屬不同的社會階層或生活圈子，而將他們彼此串聯起來的，是那些以文學、繪畫、哲學或政治為主題的交談內容。交談被視為社交活動的一種精緻藝術，但是，內容絕非僅止於「**為藝術而藝術**」，也絕不會和當時的時代精神以及由此衍生的問題脫節。[37]例如：十六世紀的交談內容是關於發現新大陸的知識獵奇，十八世紀則是啟蒙思想與自然科學世界觀，到了十九世紀，拿破崙戰爭後，談話的主題則觸及政治的轉向。

沙龍文化的起源悠久，最早可追溯至希臘古典時期的一種社交方式，歷經吟遊詩人時代的愛情宮廷，義大利文藝復興時期的社交活動，巴洛克時期法國宮廷的「博取芳心」文化的談話活動，再到我們現在所關注的時期「太陽王時代和啟蒙時期的文學沙龍」。不過，之後的浪漫主義時期法國沙龍文化，在復辟之後逐漸銷聲匿跡。[38]

法國雖然是十七世紀沙龍文化的主要流行地區，也出現許多聲名

---

[37] 此沙龍定義援引自海登林許，《沙龍：失落的文化搖籃》，頁 28。

[38] 有關沙龍的分期，請參考海登林許的標題分類。

遠播的女主人。但遠在北歐的瑞典，也有一位女皇藉由「**沙龍式的社交活動**」，來進行文化傳播，她就是瑞典女皇克莉絲汀娜 (Christina von Schweden, 1626–1689)。年紀尚輕時，她就與許多歐洲學者通信來往，由於她的學養出眾又具藝術天分，使她聲名大噪，吸引不少人前往她的宮廷。經過一番波折，她在 1649 年時，總算邀請到當時自己國內（法國）未受認同、更在荷蘭受到迫害的大哲學家笛卡兒，前往斯德哥爾摩成為她的首席顧問。不過，笛卡兒的生活作息無法適應北歐酷寒氣候，不幸於隔年生病去世。

再回到十八世紀啟蒙時代的法國，此時是沙龍文化的鼎盛時期，許多上流社會婦女都竭力開設個人沙龍，以表示她們自由自在、不受拘束，同時測試個人的知名度與影響力。此時，沙龍不同於十七世紀，除了對文學家敞開心胸外，也歡迎形形色色的學者、專家及藝術家。

當時巴黎的沙龍常客當屬哲學家伏爾泰 (Voltaire, 1694–1778)，他是文化及哲學運動的風雲人物，每每論及人類精神進步的想法、以及言論自由等議題，極受沙龍女主人鍾愛。同一時間，在沙龍談話的主題當中，百科全書的編撰與啟蒙運動 (Enlightenment) 的內涵比例逐漸增加。杜・德芳夫人 (Mary de Vichy-Champrond) 是這個時期有名的女主人之一，她和伏爾泰通信，表現頗為高雅的文學的造詣，她所描繪的人物特寫，有如進行人類性格的活體解剖。例如，她對愛彌麗・夏德萊夫人 (Emilie de Breteuil, Marquise du Châtelet, 1706–1749) 的描寫，就入木三分，十分雋永。夏德萊夫人是伏爾泰的情人，在他的鼓勵下，她將牛頓的物理學經典《原理》譯成法文（並於 1759 年出版），對於牛頓物理學在歐洲大陸的傳播與影響極為深遠。[39]

---

[39] 夏德萊夫人傳記可參考〈愛彌麗・夏德萊夫人〉，載 Osen，《女數學家列傳》。

這部牛頓經典鉅著的法文譯版刊行，對於十八世紀歐陸科學／數學的發展來說，是一個重大的歷史見證。原來法國沙龍的話題就有地球的形狀 (shape) 為何之爭議。根據笛卡兒的漩渦 (vortex) 理論，地球的形狀像頭底尖形的檸檬，至於根據牛頓的重力 (gravity) 理論，地球則是像扁平柑橘的形狀。有趣的是，笛卡兒著作早在 1664 年就被列入基督教禁書目錄 (Index)，到了 1700 年當然尚未解禁，只不過沙龍人士高談闊論，看起來是百無禁忌。更何況即使保守圈內分子也對笛卡兒的學說，表現了高度興趣。或許這是由於啟蒙運動思想家攻擊「保守反動」的帝國時，充分地運用牛頓理論這一大利器的緣故吧。

事實上，有關牛頓主義 (Newtonism) 在歐陸的風行，也得力於伏爾泰的《英國書簡》(*Lettres sur les Anglais*, 1734) 的推波助瀾，其第一篇撰於 1727 年他初抵倫敦訪問的首日。當時，他被倫敦街頭為牛頓送葬的萬人空巷場面嚇到了，因為那種「國葬」的規格，在法蘭西帝國唯王公貴族或軍事元帥才配享有，而牛頓卻只不過是個科學家（當時稱自然哲學家 natural philosopher）而已。因此，伏爾泰借題發揮，大聲疾呼科學如何重要，這也可以解釋（前述）何以他極力慫恿夏德萊夫人將牛頓的《原理》翻譯成法文。

圖 1.5：芬蘭發行郵票紀念莫貝度到拉普蘭測量

在笛卡兒的「粉絲」(fans) 這一邊，當然不會「光說不練」，例如，天文學家卡西尼 (Cassini) 曾在 1700–1720 年間在法國測得子午線長，而「證明」笛卡兒的結論無誤。後來，數學家也介入此一科學爭議。為了量測經度長，巴黎科學院於西元 1735 年派出第一支科學探測隊到祕魯，接著在 1736–1737 年，另一支被派到芬蘭的拉普蘭 (Lapland)。後一支隊伍由莫貝度 (Pierre Louis Moreau de Maupertuis) 領軍，隨員還有數學家克萊羅 (Alexis Claude Clairaut, 1713–1765) 等人，這顯然與莫貝度於 1732 年發表論文支持牛頓理論有關。西元 1737 年 8 月 20 日，莫貝度在巴黎科學院發表探測結果，宣布地球形狀像扁平的柑橘。

回到沙龍主題。杜・德芳夫人的姪女雷斯畢娜斯 (Jeanne Julie Éléonore de Lespinasse) 也是一位沙龍女主人，數學家兼百科全書編撰者達倫貝爾 (Jean le Rond d'Alembert) 先是杜・德芳的沙龍常客，後來深愛雷斯畢娜斯，成為她沙龍裡的明星，也因此吸引了整群百科全書的編撰者，來造訪這間簡樸的房舍。這段數學家的情愛插曲也見證了沙龍文化的時尚，因此，如果他／她們的話題涉及科學爭議，也是理所當然。

緊接著，我們將目光轉向十八世紀新成立的官方機構——科學院 (academy of science)。十七世紀初，有許多個人組織非正式的學術圈，例如：法國神父梅森 (Marin Mersenne) 修道室有定期聚會，[40]他並與當時學界名人如笛卡兒、伽桑狄 (Pierre Gassendi)、[41]費馬以及巴斯卡等

---

[40] 修道士梅森即以梅森質數聞名。若 $M_n = 2^n - 1$ 是質數，即稱為梅森質數。

[41] 伽桑狄是一個積極觀測的科學家，在 1631 年出版《水星淩日》一書，伽桑狄隕石坑便是以他命名。他是十七世紀著名的唯物機械論者。

人通信，互通科技／數學資訊。誠如在《數之軌跡 III：數學與近代科學》第 4.11 節提及，梅森去世後，藉由時任國務會議參事的蒙特貝 (de Montmor) 向路易十四的財政大臣柯爾貝 (Jean-Baptiste Colbert) 進言，請求贊助科學。經過一番努力，巴黎科學院於 1666 年成立。儘管在法國大革命時它曾經被解散，但在復辟時期，路易十八世將它改組為法國科學院。在著名的院士中，除了萊布尼茲、牛頓與四位白努利家族成員（外籍院士）之外、還包括切恩豪斯 (von Tschirnhaus)、[42]洛爾 (Michel Rolle)、伐里農 (Pierre Varignon)、[43]克萊羅、[44]卡諾 (Lazare Nicolas Marguerite Carnot)、[45]拉普拉斯，以及傅立葉等法國數學家。

而在英吉利海峽彼岸，由包含虎克 (Robert Hooke) 等 12 名科學家的小團體聚會，最後在 1660 年於倫敦成立的皇家學會。萊布尼茲曾是會員、牛頓更當過會長，從法國歸化英國的棣美弗也曾入選為會員。至於普魯士科學院則於 1700 年成立，並於 1740 年重組為柏林科學院，其中歐拉、朗伯 (Johann Heinrich Lambert, 1728–1777)、[46]拉格朗日等數學家，就曾受菲特烈大帝之邀，而成為柏林科學院院士。義大利的波隆那科學院於 1714 年成立，在法國科學院因其性別而不願認可

---

[42] 切恩豪斯在數學上以切恩豪斯變換 (Tschirnhaus-Transformation) 聞名，另外他被認為是歐洲瓷器的發明者。

[43] 洛爾與伐里農曾質疑羅畢達有關無窮小方法的有效性。

[44] 克萊羅曾隨數學家莫貝度前往北歐拉普蘭進行子午線長度測量，此次結果證明了地球是扁球形，並發表《關於地球形狀的理論》，提出克萊羅定理聞名。

[45] 以卡諾定理聞名，卡諾定理是說三角形 ABC 的外心為 O，則 O 到 ABC 各邊的距離之和為外接圓與內切圓半徑和。

[46] 朗伯是數學史上嚴格證明 π 是無理數的第一人。

的傑出數學家瑪麗亞・阿涅西 (Maria Gaetana Agnesi, 1718–1799) ，[47] 波隆那科學院就非常開明地選她為院士。聖彼得堡科學院則在 1724 年成立，歐拉曾獲選為聖彼得堡科學院外籍院士。

這些科學院為少數數學家與科學家提供了就業的機會，讓這些專家們免於經濟上的困擾而專心做研究。不過，更重要的是，他們的定期會議可以為新研究成果，提供一個討論平臺。提交給這類會議的論文會發表在學院的學報或回憶錄。雖然這個過程需要一些時間，但由此產生的論文，最終會傳播給整個歐洲的讀者，並且透過學術期刊進行交流。

除此之外，巴黎科學院還建立了期限為兩年的有獎徵答傳統。歐拉曾在這個活動中，得到 12 次獎項，其中一次 1738 年討論有關「**火的本質之研究**」競賽中，歐拉擊敗了伏爾泰及夏德萊夫人各自的研究，另有一次關於潮汐的文章 ，是與麥克勞林 (Colin Maclaurin) 及丹尼爾・白努利共享獎金。約翰一世・白努利在這個競賽中獲得過兩次獎金，而丹尼爾・白努利則獲得過十次。拉格朗日則分別在 1764 年與 1765 年分別以《為何月球總是顯現同一面》及《木星的衛星運動》獲獎，因而聲名大噪。

此外，化名為伯蘭 (男性名字) 而與拉格朗日及高斯通信的蘇菲・熱爾曼也在這個競賽中以《彈性板上的振動》獲得大獎，這使得她一夕之間名震士林，一躍成為舉世注目的數學家，並應邀進入數學圈，甚至獲得出席學院會議的機會，這是當時女子從高高在上的團體中獲得的最高榮譽。請參看本書後文第 2.2 節有關她的略傳。

---

[47] 瑪麗亞・阿涅西撰寫第一本完整地討論了積分與微分的教科書而廣受好評，而她討論的曲線，本章第 1.6 節將略做說明。

在本節中，我們介紹了十八世紀歐洲兩個特殊的社會場所（沙龍）與社會組織或機構（科學院）。我們也許可以這樣想像，當時的數學家、科學家與其他學有專精的專業人才被國家延攬於科學院做研究。他們除了一展長才外，亦可獲得生活津貼，更有甚者可以參加論文競賽以獲得額外的獎金鼓勵。而每個科學院也都會定期舉辦會議，供院士發表新的研究及出版論文，促進學術文化交流與進步。事實上，若是能夠因此延攬「科學大咖」，想必也是能替科學院增光不少。

另一方面，藉由論文競賽，這些本來可能默默無名的數學家及科學家，也可透過獲得大獎而一戰成名，而使得學術進展得有更多元流動之機會。而這些數學家或科學家們於下班後，或可優雅地溜躂到聰慧女主人主持的文化沙龍裡，與女主人及其他專家們展開一場又一場精緻的高談闊論。因此，沙龍除了提供這些專家休憩的場所，也有學術交流的意義。而更重要的，沙龍也可以視為「婦女解放運動的排演舞臺」。

數學專業化：歐拉 vs. 拉格朗日

數學史家史特朵 (Stedall) 的《數學極短篇》第 5 章標題為「數學生計」(Mathematical livelihoods)。這是標榜數學社會史（或甚至是數學史）研究進路的史家所無法忽視的主題。而這，當然呼應了她所指出的問題「誰是數學家？」之重要意義，事實上，她的第 2 章標題就是 What is mathematics and who is a mathematician。[48]

以上一節所介紹的科學院為例，如果數學家能在制度化的基礎上，

---

[48] 可參閱《數之軌跡 I：古代的數學文明》第 4.1 節，也論及中算史的個案。

以其專門知識或技能而受薪(這是專業主義 (professionalism) 的部分意義),同時,政治局勢的變化也不致過於影響他們的教學或研究時,那麼,數學家的生計就可以獲得起碼的保障,從而逐漸演化成為現代意義的數學家角色。史家史特朵以歐拉 vs. 拉格朗日的生涯對比為例,說明後者如何掌握機構(或制度)(institution)、出版 (publication) 及研討會 (conference) 這三個社會學面向的要素,而帶領十八世紀數學家走向現代的進路。這對於我們在本章一開始,以歐拉揭開十八世紀西方數學的序幕,是非常有趣的敘事對比。高斯誠然是區隔十八、十九世紀的數學家,然而,歐拉 vs. 拉格朗日或許才是各自刻劃這兩個世紀數學的代表人物。

現在,就讓我們來簡介拉格朗日的學術生涯,當然,這個故事主要參照歐拉這個「**坐標**」,如此我們多少可將這兩個世紀的數學發展連成一氣。歷史敘事本當如此,千萬莫忘初衷!

拉格朗日於 1736 年出生在義大利北部杜林 (Turin) 的一個法裔家庭。十七歲時,他發現自己熱愛數學,因而兩年後即成為杜林皇家砲兵學校的教官。不過,在此之前,他已經開始寄送一些研究成果給歐拉,當時的柏林皇家科學院的數學主管。拉格朗日將他更進一步的成果再度寄送給歐拉。顯然由於歐拉的推薦,他很快地入選為該科學院的外籍院士 (foreign membership)。同時,他與同儕也在家鄉杜林建立了自己的科學性學會,這是 1750 年代在西歐被建立的這類學會或機構之一,也是杜林科學院 (Academy of Sciences of Turin) 的前身。

科學性的學會或機構之興起,標誌著十八世紀西歐思想史 (intellectual history) 的特色。請參考上一節說明,此處不贅。這些機構定期召開的學術會議是一種論壇或平臺,讓數學或科學新知可以呈現或討論。提交這些會議的論文後來都在學院的學報或備忘錄上發表,雖然編印需要時間，但最終在歐洲的讀者圈內流傳，而促成許多重要的學術交流。以拉格朗日為例，他的論文大部分都發表在他們自己的學報《杜林雜集》(*Melanges de Turin*)。

在上一節中，我們也提及學會或研究機構的有獎徵文機制。拉格朗日就曾贏得徵獎而聲名大噪，進而贏得歐洲數學家領袖的敬重。這應該也可以解釋何以曾任《百科全書》數學編輯的達倫貝爾，會那麼積極地為他物色一個比杜林更大的學術舞臺。正如第 1.1 節所述，當歐拉因為與內定柏林科學院新院長的達倫貝爾不合，而準備離開柏林再度前往聖彼得堡科學院任職時，也同時為拉格朗日爭取到該院的一個職位，不過，拉格朗日卻選擇在歐拉留下的柏林空缺上安頓下來。

拉格朗日與歐拉的長期關係始自他二十歲之前，一直維持著既密切又疏遠的狀態。歐拉這位十八世紀最多產的數學家，總是不斷地拋出才氣非凡的直觀想法，但在下一個吸引他注意的主題之前，他不會在原地逗留太久。至於拉格朗日，則是經常跟在他之後，將「半成品」的想法轉變為嚴密且漂亮的理論。儘管如此，他們兩人從未真正謀面。不過，拉格朗日對歐拉這位傑出長者，始終保持滿懷敬意的距離。他拒絕直接與歐拉競爭 1768 年的巴黎科學院獎項（有關月亮的運行），雖然他們最終還是在 1772 年分享了類似主題之獎項。拉格朗日在柏林工作了二十年，他以法文在該學院的「備忘錄」(*Memoires*) 上，發表多種主題的論文。[49]

在 1770 年，拉格朗日出版有關方程論研究的著作《關於方程代數解的思考》(*Réflexions sur la résolution algébrique des équations*/

[49] 參考 Stedall, *The History of Mathematics: A Very Short Introduction*, p. 85。

Reflctions on the solution of algebraic equations)，其中，他對於二、三、四次代數方程式可以**「根式解」(solved by radicals)** 進行了根本的研究，他發現這三種方程式的解法都有一個共通特徵，那就是，它們都被化約成輔助方程式，亦即他所謂的預解式 (resolvent equations)。[50]譬如說吧，令四次方程式的四根依序為 x_1, x_2, x_3, x_4。取一個此方程式的根與係數之有理函數 $R(x_1, x_2, x_3, x_4) = x_1x_2 + x_3x_4$。這個函數在 x_1, x_2, x_3, x_4 的 24 (=4!) 個重排之下，只取到 3 個相異的值。因此，四次方程式的預解式是三次，由於三次可根式解，四次當然可解，卡丹諾及費拉里師徒的貢獻就是極佳例證（參考《數之軌跡 III：數學與近代科學》第 1.10 節）。然而，拉格朗日卻發現五次方程式的預解式變成六次，[51]因此，代數方程式的根式解之追求看起來是功敗垂成，前景黯淡一片。[52]

儘管如此，在這個化約過程中，拉格朗日將方程式的根視為抽象物件 (entity) 而非僅是數值 (numerical value)，卻無疑是代數學史上的一個里程碑。儘管他在該文中並未創造出**「重排」(permutation)** 這個物件，但他開始注意到根的重排，卻是數學家前進群論 (group theory) 發展的第一步，後繼者有魯菲尼 (Paolo Ruffini, 1765–1822)、伽羅瓦 (Evariste Galois, 1811–1832) 以及柯西 (Augustin-Louis Cauchy, 1789–1857) 等。

---

[50] 有關拉格朗日的預解式，可參考結城浩，《數學女孩：伽羅瓦理論》頁 219–264 的入門級之解說。

[51] 參考 Kleiner, *A History of Abstract Algebra*, pp. 18–19。

[52] 難怪數學史家克藍因在總結 1800 年代數學發展時，特別引述拉格朗日有關數學礦脈開挖殆盡的悲嘆！

拉格朗日當初應聘柏林科學院時，也一併繼任歐拉的數學主管職位，因此，他可以利用這個聲望，來推動研究工作。西元 1784 年，他有鑑於微積分須要適當的邏輯基礎，於是向柏林科學院提議，公開徵求論文，並宣布將在兩年後（亦即 1786 年）頒獎給解決數學中的無窮概念問題的最佳論文。此一競賽對所有人開放，但科學院的正式會員例外。結果，有二十三篇論文提交，然而，卻只有瑞士數學家呂利耶 (Simon L'Hullier) 的論文最接近徵選題旨，不過，參加徵選「論文作者全都忽略解釋為何從矛盾的假設（例如無窮量的假設），可以推導出如此多正確的定理。他們全都或多或少漠視所需的清晰、簡潔，尤其重要的是嚴格的品質要求」。[53]因此，呂利耶也被（當時的數學家以及現代的數學史家）認定「毫無創見可言」。

事實上，拉格朗日在他的《解析函數理論》(*Théorie des fonctions analytiques*, 1797) 中，也試圖提出他自己有關微分學基礎的進路，以發展一種可以擺脫「無窮小量、消失量、極限以及流數的所有考量」之微積分。於是，他將無窮級數視為微分學的「源頭」而非「結果」。也就是說，給定 $f(x)$，求導數 $f'(x)$（注意：導數及其記號最先出自他的使用）。拉格朗日首先將 $f(x+i)$ 表現成為 i 的一個如下無窮級數：

$$f(x+i)=f(x+i)+ip(x)+i^2q(x)+i^3r(x)+\cdots$$

其中，他指出：「$p, q, r, \cdots$ 將是 x 的新函數，它們都是從 x 的原初函數 (primitive function) 所導出，並且與不定元 (indeterminate) i 無

[53] 引克藍因，《數學：確定性的失落》，頁 191。

關。」於是，f 的（第一）導數 ($f'(x)$) 恰好是 $p(x)$，是上述展開式中（被視為）i 的係數。[54]任何人熟悉泰勒級數都知道拉格朗日在幹什麼，不過，對他來說，級數先行，至於導數則是它的結果，這與今日分析學的處理程序完全相反。數學家鄧漢 (William Dunham) 在他的《微積分畫廊》(*The Calculus Gallery*) 中，以 $f(x)=\frac{1}{x^3}$ 為例來說明拉格朗日如何求得 $f'(x)=\frac{-3}{x^4}$。在此推導過程中，拉格朗日完全避開了「無窮小量，以及消失量的鬼魂。同樣地，他也不需要達倫貝爾那種未明確定義的極限」，因此，當拉格朗日解析的進路在定義導數概念時，太過於拐彎抹角，因此，如將微分學應用在平面曲線時，導數這個對拉格朗日來說歸屬於代數範疇的一個概念，完全無涉其切線之斜率，這未免讓微分學的探索遠離其「初心」了吧。

不過，鄧漢也指出：在上引例子的計算過程之中，為了提出 i 這個因子，而展開與化簡 $\frac{1}{(x+i)^3}-\frac{1}{x^3}$，然而，吾人無法保證每個函數都可如此展開與化簡。其實，我們也同樣無法保證每個如此造出的函數收斂，或者即使收斂也會收斂到一開始給定的函數。所有這些當然有許多的「後見之明」，但是，當拉格朗日的「門生」柯西在西元 1822 年證明下列給定函數：

$$f(x)=\begin{cases} e^{\frac{-1}{x^2}} & \text{若 } x\neq 0 \\ 0 & \text{若 } x=0 \end{cases}$$

[54] 本段及相關段落內容，主要參考 Dunham, *The Calculus Gallery*, pp. 73–75。

在 $x=0$ 的各階導數都是 0。[55]如此一來，$f(x)$ 在 $x=0$ 的附近任意點所展開之冪級數為 0，與給定函數 $f(x)$（不為零函數）之條件矛盾。因此，拉格朗日的無窮級數進路看起來是走向死胡同。

儘管如此，拉格朗日提升了基礎問題 (foundation problems) 的位階，將它們變成既重要又有趣。其次，他企圖從他的基本定義導出微積分定理，並在此過程中引進不等式及其應用。最後，正如數學史家葛雷比納 (Judith Grabiner) 所指出：「拉格朗日超愛一般性 (generality)，而非像他同時代數學家專注於解決特定問題。他為微積分提供代數化基礎與他研究進路的一般化傾向，是互相一致的。」[56]

現在，讓我們回到拉格朗日的學術生涯。在大力支持柏林科學院的普魯士菲特烈大帝 (1712–1786) 去世之後，拉格朗日決定再次轉職，這次應聘到巴黎科學院，他在 1787 年報到。隔年，他在科學院出版《分析力學》(*Mécanique analytique*, 1788)，應用微分方程理論將牛頓以來的力學 (mechanics) 發展集大成，從而將力學 (mechanics) 變成為**「數學分析」(mathematical analysis)** 的一個分支。該書最重要的特色，正如他自己說的，完全沒有圖形，[57]這是他將**「分析算術化」(arithmetization of analysis)** 的一個前瞻性企圖，在第 3 章會再說明。

西元 1789 年，法國大革命爆發，拉格朗日幸而同時保住人頭及聲望，隔年，他甚至還被邀參加度量衡標準化委員會，[58]部分原因可能

---

[55] 這個問題是大學數學系「高等微積分」或「數學分析」課程最喜歡的考題之一。一個實值函數無窮可微（記做 C^∞）（亦即：各階導數存在且可微）不一定是解析函數 (analytic function)，後者是按冪級數來定義的，無論變數是實數或複數。

[56] 引 Dunham, *The Calculus Gallery*, p. 75。

[57] 可參考 Grattan-Guinness, *The Fontana History of Mathematical Sciences*, pp. 326–328。

[58] 參考亞爾德，《公尺的誕生》。

是他對於政治情勢始終保持低調有關。這多少也可以解釋何以在 1793 年 8 月 8 日，當所有機構（含科學院）都被迫關閉時，這個委員會還被允許運作下去，不過，原先的委員如拉普拉斯，以及拉瓦錫 (Antoine-Laurent de Lavoisier, 1743–1794) 等人都被踢出委員會，而拉格朗日則被提升為主席。儘管如此，當 1793 年 9 月 5 日，革命政府開始執行恐怖統治 (Reign of Terror) 時，有一條剛通過的法律，可以逮捕出生於敵國的外國人，而拉格朗日正好就適用此一法條。於是，拉瓦錫這位偉大的化學革命英雄就負起救援任務，幫助拉格朗日倖免於難。可是，萬萬沒想到隔年的 5 月 8 日，拉瓦錫連同其他 27 位知名菁英人士，都被送上斷頭臺。拉格朗日為此哀痛不已，他那紀念拉瓦錫的千古悲鳴，一直都是科學史上對暴政最著名的控訴：[59]

> 砍下這顆人頭落地僅需瞬間，但是，一百年都不足以製造類似的腦袋。

不過，拉格朗日還是得到革命政府的信任，於 1794–1795 年他依序被聘為巴黎工藝學院及師範學院的兩校教授，前者頭銜是分析學教授 (professor of analysis)。為此，他分別編寫了多本上課講義收入學院出版的「手冊」(cahiers) 之中，尤其是 1795 年他為師範學院的學生所編寫的《初等數學講義》(*Leçons élémentaires sur les mathématiques/Lectures on Elementary Mathematics*)，對今日讀者來說，其 1898 年英譯版仍然親切易讀。他的其他講義都為工藝學院的學生而編寫，其中都是新近的研究成果之展現，如下主題依序是函數的解析理論、解方

[59] 拉瓦錫傳記可參考麥迪遜，《革命狂潮與化學家——拉瓦錫，氧氣，斷頭臺》。

程式，及微積分：《解析函數理論》(*Théorie des fonctions analytiques*, 1797)、[60]《方程解論著》(*Resolution des equations numeriquess...*, 1798)，[61]以及《微積分講義》(*Leçons sur le calcul des fonctions*, 1801)。

這些連同其他（高斯之外的法國）數學家在世紀之交時，所出版的如下著作：

- 拉克洛瓦：
  《微分學及積分學論著》(*Traite du calcul differentiel et integral*, 3 volumes, 1797–1800)
- 勒讓德：
  《數論合集》(*Essai sur theorie des nombres*, 1798)
- 拉普拉斯：
  《世界體系解說》(*Exposition du systeme du monde*, 1799)
- 拉普拉斯：
  《天體力學論著》(*Traite de mecanique celestie*, 1799)
- 勒讓德：
  《幾何原論》(*Elemens de geometrie*, 1799)
- 戴普隆尼 (Gaspard Riche de Prony, 1755–1843)：
  《形而上力學》(*Mecanique philosophique*, 1800)
- 高斯：
  《算學講話》(*Disquisitiones arithmeticae*, 1801)

---

[60] 此書名之中譯為「解析函數理論」，不過，「解析」是指今日的（實）分析學。

[61] 英文書銜：*A Treatise on the solution of numerical equations of all degrees*，討論代數方程的數值解。

都見證了西方數學即將從十八世紀邁向十九世紀。在數論研究方面，有關高斯 vs. 勒讓德的鮮明對比，我們將在下一章稍加說明。

拉格朗日於 1813 年去世。綜其一生，前三分之二的時間在杜林與柏林任職，都做出了傑出貢獻，他也都受惠於國家科學院及其各自附帶的期刊與建制，對新研究成果的創造與傳播影響極為深遠。至於他在生涯最後階段的巴黎，則躬逢制度化基礎的一種全新機構，比如工藝學院與師範學院的興起，為數學能力最優秀的學生，提供高層次的數學與科學之訓練。不像一般大學，工藝學院的教育課程極為聚焦與強調實用，其規劃目的，就是要讓它的畢業生在成為國家公務員之後，得以鞏固大革命以及後來拿破崙帝國所建立的果實。

如果上述有關建制的歷史非關個人，那麼，我們不妨注意到拉格朗日的生涯與其他數學家——尤其是歐拉與達倫貝爾的密切個人關係。當拉格朗日去世時，他的門生 (*protégé*) 柯西——世姪輩的兒子，正要啟航他自己漫長的學術事業，並即將成為法國數學界領袖，直到 1857 年去世為止。西歐數學史上這種不絕如縷的個人之間的傳承與合作關係，可以從十七世紀末的萊布尼茲開始追溯，經由白努利家族，以及從歐拉到拉格朗日，最後再連結到十九世紀中葉的柯西。[62]在這一條鍊結上，數學家的「**地位**」**(status)** 當然籠罩著不同時空脈絡的特色。

對照一生都在科學院做研究的歐拉，拉格朗日則是在生涯的最後階段，被聘為工藝學院與師範學院的教授，成為具有現代意義的數學家，因而得以在全新的學術建制中，發揮研究與教學的現代意義之功能。西元 1810 年，也就是拉格朗日去世的三年前，普魯士的威廉・馮・洪堡德 (Wilhelm von Humboldt) 創立柏林大學 (University of Berlin)，

---

[62] 參考 Stedall, *The History of Mathematics: A Very Short Introduction*, p. 87。

其宗旨不僅是傳授知識，更期待教授在學術上研究創新，換言之，教學與研究並重。這種全新的大學模型，不僅促成兩大數學研究中心柏林大學與哥廷根大學之建立，主導十九世紀下半葉國際數學潮流，同時，它們的建制與精神也成為現代大學的典範。第 3.1 節再述後續。

1.6 微積分教科書的問世

在上一節我們介紹 1799–1801 年之間問世的重要數學著作，其中拉克洛瓦 (Sylvestre François Lacroix, 1765–1843) 的《微分學與積分學論著》(三冊)(後文簡稱《論著》) 值得我們特別注意。儘管拉克洛瓦本人的學術研究並不出色，[63]但是，這套他曾在工藝學院教學使用的教科書 (1799 年他繼拉格朗日之後擔任分析學教授)，卻頗受歡迎。於是，他另外出版單冊本《微分學與積分學導論》(*An Elementary Treatise on the Differential and Integral Calculus*, 1802) (後簡稱《導論》)，使用達倫貝爾的極限方法以建立微積分基礎，[64]而非前書仿拉格朗日之無窮 (冪) 級數進路 (代數之衍生)。英國數學家皮考克對此方法將微分第一原理與代數分離之進路無法接受，[65]請參看他與巴貝吉以及赫歇爾於 1816 年英譯《導論》時，所提供的評論：「在此呈現給各位的拉克洛瓦著作英譯本……可視為是它的微分學和積分學之傑

---

[63] 此時的時代脈絡中，撰寫教科書的作者被認為對學術研究貢獻卓著，因為在編寫過程中，強調研究進展與基本原理之清晰呈現的內稟關係。參考 Schubring, "On the Methodology of Analysing Historical Textbooks: Lacroix as Textbook Author"。

[64] 法文書銜為 *Traité élémentaire de calcul differéntiel et du calcul intégral*。至於所謂的「極限理論」，應該是指達倫貝爾的極限法。

[65] 在此，所謂「微分第一原理」應該是指微分的理論基礎。

作〔按即《論著》〕的刪節本，不過，在證明第一原理方面，他在本書改採達倫貝爾的極限法，[66]而不像前書一樣，採用最正確、最自然的拉格朗日方法……」。這是三位譯者所創立的分析學會（社）(Analytical Society) 之「**誓師利器**」。

皮考克 (George Peacock, 1791–1858)、巴貝吉 (Charles Babbage, 1791–1871) 與赫歇爾 (John Herschel, 1792–1871) 這三位當年還是「稚嫩的」劍橋大學生創立分析學會（社）的主要目的，就是為了擺脫牛頓流數法 (fluxion) 微積分的「點・」記號之「糾纏」，而大步地向歐洲大陸學習萊布尼茲微分量 (differential) 微積分的「*d*-主義」。不過，記號使用是否影響微積分的發展與應用？英國數學史家葛羅頓－吉尼斯的反思極具洞識，他認為萊布尼茲傳統最終所以勝出，其原因不在於牛頓「點・」記號的不便，因為熟練其操弄只須要幾分鐘的適應，同時，萊布尼茲系統固然有其記號上的直觀與「柔韌」優勢，然而，最主要的莫過於它有傑出的後繼者：白努利家族與歐拉。[67]

總之，拉克洛瓦的微積分乃至他為中學生所編寫的教科書，都極受歡迎，數學史家蘇步林 (Gert Schubring) 就指出他的教科書之深刻影響至少有五十年 (1795–1845) 之久，其外文譯本還包括英文、義大利文、西班牙文，以及荷蘭文。西元 1820 年，巴貝吉致函拉克洛瓦，對於他們只能英譯那本（簡明版微積分教科書）《導論》深表遺憾，因為

---

[66] 所謂達倫貝爾的極限法，是指他對《百科全書》（條目）極限所下的定義：「一個量被稱作另一個量的極限，是指當第二個可以在任意給定的量內接近第一個，不論多麼小，第二個量絕對不可以超過它所接近的量。」引卡茲，《數學史通論》（第 2 版），頁 455。

[67] Grattan-Guinness, *Routes of Learning*, p. 218. 有關白努利家族對於萊布尼茲傳統微積分的貢獻，請參看本書第 1.2 節。

分析學會的諸君子認為，要是能引進完整版三冊的《微分學與積分學論著》，那麼，英國的數學發展或許就大有可為了。[68]儘管如此，由於英譯本《導論》的出現，還是讓一般的英國人有從中學習的機會，其「受惠者」之一有可能包括出身磨坊、自修成材的數學家格林 (George Green, 1793–1841)，他從歐陸數學強大對手的「環伺」下突圍而出，在電磁學方面取得重大成就。[69]

另一方面，拉克洛瓦的三巨冊《論著》展現強烈的教育關懷、大量的數學史知識，以及個人的哲學偏好之觀點。這些風貌鋪陳了當時一種創新的數學書寫 (mathematical writing)：譬如說吧，他的目次包括該書引述原始典籍文本的廣泛參考資料。此外，在前兩冊中，他將微積分及其相關單元的所有部分之知識狀態編目（有時還加以評論），其中微分方程的解所占比例最高，但也涵蓋微分幾何及變分學。至於第三冊則可視為差分數學 (difference mathematics) 的「伴手禮」，其內容涵蓋內插法、差分方程解、級數求和，以及生成函數。[70]

以拉克洛瓦的《論著》及《導論》為代表，儘管它們都收入最新的相關研究成果，但是，卻也展現了革命政府對於教科書的論述之全

---

[68] 參考 Schubring, "On the Methodology of Analysing Historical Textbooks: Lacroix as Textbook Author"。

[69] 格林在 1828 年私下流傳的論文內容，就包括我們熟知的格林定理 (Green Theorem)：若 $P(x, y)$, $Q(x, y)$ 在 xy-平面上的曲線 C 所包圍的區域 R 內的偏導數函數連續，則 $\int_C Pdx + Qdy = \iint_R (Q_x - P_y)dxdy$。參考 Boyer, *A History of Mathematics*, p. 583。有關格林傳記，可參考 https://mathshistory.st-andrews.ac.uk/Biographies/Green/。事實上，格林四十歲時才經由也是分析學會會員的 Edward Bromhead 爵士之推薦，進入劍橋大學就讀數學，畢業後留校繼續研究。

[70] 參考 Grattan-Guinness, *The Fontana History of Mathematical Sciences*, pp. 365–366。

新要求。質言之，拉克洛瓦希望針對教科書中的內容，賦予結構並且改編成為等價的初等知識，也就是說，對於微積分這樣一個被視為概念領域的學科，要分析它的（組成）元素，而且還要根據這些基本的元素，將微積分呈現為一個秩序井然、良善定義的序列知識體。事實上，在 1789 年 11 月 9 日，拉克洛瓦致函勒讓德時，即已提及此一目標。其中，他針對歐拉及庫辛 (J. A. J. Cousin) 各自的《積分學》，特別強調「為了增強其部分內容的融貫性 (coherence)，吾人可能須要去改變他們的呈現方式」。[71]

顯然，拉克洛瓦於十八世紀末所編著、出版的數學教科書已經具有現代性 (modernity)，這一點對比歐拉編著的教科書，也可以看出十八 vs. 十九世紀的不同風格。不過，數學史家蘇步林也指出：這些教科書的歷史研究還有待開展，在脈絡中研讀這些文本，一個文本帶一個故事，絕對是未來史家責無旁貸的使命吧！[72]

最後，我們簡短回顧十八世紀西歐的數學教科書。首先，是前述第 1.2 節所提及的法國羅畢達，他在 1696 年出版《無窮小量分析》(*Infinitesimal analysis to understand curved lines*)，[73]其中包括了目前稱之為羅畢達法則的方法，那的確是約翰・白努利傳授給他的知識。而這，當然代表萊布尼茲傳統的微積分。在英吉利海峽另一邊的英國，則有狄頓 (Humphry Ditton, 1675–1715) 的《一種流數體系》(*An*

---

[71] 參考 Schubring, "On the Methodology of Analysing Historical Textbooks: Lacroix as Textbook Author"。

[72] 參考同上。

[73] 法文書銜為：*Analyse des infiniment petits pour l'intelligence des lignes courbes*。羅畢達這位貴族的名字也很長：Guillaume-François-Antoine Marquis de l'Hôpital, Marquis de Sainte-Mesme, Comte d'Entremont and Seigneur d'Ouques-la-Chaise。

Institution of Fluxion, 1706)，以及海耶斯 (Charles Hayes, 1678–1760) 的《論流數》(*Treatise of Fluxions*, 1704)。這兩本十八世紀初的著作都以英文撰寫。前者出現在巴貝吉早年家教所使用的書單之中，我們從書名一眼就可以看出，那是有關牛頓流數法微積分的一本著作。事實上，狄頓就認為數量不會被想像成元素的集合或總和，而是應該被想像成持續變動的結果。如此，「直線不被描述成小線段或部分的併列，而是被描述成點的連續運動。」因此，「作為流數法基礎的基本原理，比微積分的基本原理更準確、清楚並使人信服。」在所包含的單元內容方面，這兩本英文著作都與羅畢達一樣，並未處理正弦、餘弦函數。這個主題一直要等到 1730 年代，才由歐拉的微積分教科書納入。[74]

上段提及的狄頓及海耶斯之生平事蹟，我們所知極為有限，因此，他們的微積分教科書如何被採用，我們也無從得知。這種情況對於同樣是英國數學家的辛普森及麥克勞林，就顯得大不相同，這是因為當時英格蘭的中產階級對數學知識需求甚殷，於是，有些私人教師為了輔助教學而編寫教科書，甚至還得到學生的贊助而出版。譬如辛普森之最早微積分教本《流數新論》(*A New Treatise of Fluxions*, 1737)，就是由他的私人學生捐助而得以問世。

辛普森 (Thomas Simpson, 1710–1761) 出身織工 (weaver) 家庭，[75] 但由於不想繼承家業而與父親決裂甚至被逐出家門。不過，到了二十五歲時，他自修數學而獲得相當的心得，其內容就包括羅畢達的英譯本之微積分單元。西元 1735 年，辛普森搬到倫敦，加入史必妥費爾茲數學會 (Spitalfields Mathematical Society)， 這是一個屬於工匠的俱樂

---

[74] 參考卡茲，《數學史通論》(第 2 版)，頁 415–416。

[75] 辛普森傳可參考 https://mathshistory.st-andrews.ac.uk/Biographies/Simpson/。

部，到 1744 年為止，會員除了差不多半數是織工外，也包括釀酒工、磚瓦匠、黃銅匠，以及麵包師傅。這個社團的宗旨是任何會員都有如下的責任：「如果他被另一位成員問及數學或哲學問題，那麼，就用他所能夠用的最粗淺的、最簡單的方式去教他。」[76]

顯然，他利用這個身分為同儕開設數學講座。同時，他也開始大量地向普及刊物《仕女日記》(*Ladies Diary*) 的徵題專欄投稿，[77]而在 1754 年成為該雜誌之主編。此外，他還加入在倫敦咖啡屋擔任巡迴教師 (itinerant teacher) 的團體，任何人只要繳交入場費一個便士，便可進入咖啡屋聆聽講座，因而獲得便士大學 (Penny University) 之雅稱。譬如，棣美弗 (De Moivre) 便以聖馬丁一家咖啡屋為基地，開設了多年的講座。另外，辛普森的朋友之一瓊斯 (William Jones) 也因為在聖保羅廣場的孩童咖啡屋 (Child Coffee House) 開課，[78]才得以謀生。

儘管如此，他們三位還是在數學史上留下名字。就辛普森而言，他不僅因辛普森法則 (Simpson's rule) 而廣為今日微積分讀者所知，而且，所謂的牛頓－拉弗森法 (Newton-Raphson method)——求方程式 $f(x) = 0$ 的一種納入導數的迭代逼近解也是源自於他的研究成果。[79]於是，西元 1743 年，創辦於兩年前的英國皇家軍事學院（位於 Woolwich）聘請他擔任數學部門主管。再過兩年，他被選為皇家學會

---

[76] 引卡茲，《數學史通論》（第 2 版），頁 438。

[77] 有關仕女日記部分內容，可參考 Frank Swetz, "'The Ladies Diary': A True Mathematical Treasure," *Convergence* (August 2018), DOI: 10.4169/convergence20180827。感謝李素幸老師提供此資訊。

[78] 按：π 是 1706 年由瓊斯率先建議使用代表圓周率這個數。後來，歐拉在他的《無窮分析引論》(1755) 中引用直到現在。

[79] 現代的迭代解形式如下：$x_{n+1} = x_n - \dfrac{f(x_n)}{f'(x_n)}$，其中 f' 為 f 的導數。

的會員，還有 1758 年的皇家瑞典科學院的院士等學術榮譽。

蘇格蘭數學家麥克勞林 (Colin Maclaurin, 1698–1746) 與辛普森不同，他受過大學教育，並且擁有大學任教的學術生涯。麥克勞林顯然是數學才華出眾，十一歲就進入格拉斯哥大學 (University of Glasgow) 就學，十九歲成為亞伯丁大學 (University of Aberdeen) 教授，這個資格須要長達十天的考試，當然他過關了。就職後不久，他動身前往歐洲大陸旅遊，任務是陪伴一位富裕的貴族之子到歐洲遊學。此行就是三年，亞伯丁大學當局遂將他解聘。最後，在牛頓的推薦下，他獲得愛丁堡大學的教職。他餘生都奉獻給該校，直到 1745 年（亦即他去世前一年），他協助愛丁堡對抗 Jocobite 叛軍，[80]結果還是被攻破，他逃到約克，生病不起，最後在 1746 年死於愛丁堡。[81]

他在愛丁堡的教學課程從歐幾里得、初等代數，橫跨到牛頓的流數法微積分，再及於牛頓的《原理》。顯然，他對牛頓微積分與物理方面的成果十分熟悉，因此，不難想像他在 1742 年出版《流數論》(*Treatise of Fluxions*)，其部分動機應該是為了回擊柏克萊主教對流數論基礎的攻擊（參考《數之軌跡 III：數學與近代科學》第 4.10 節）。因此，在該書的第一冊中，麥克勞林從幾何的觀點，譬如阿基米德的窮盡法，來處理流數法微積分的邏輯基礎。現代微積分教材中所謂的麥克勞林級數 (Maclaurin series)，則出現在該書第二冊，他知道泰勒 (Brook Taylor) 早已給出一般的形式：泰勒級數（或展開式）。不過，針對極大值及極小值問題，麥克勞林應用他的級數，來建立其導數判

---

[80] 這是指 1745 年詹姆士黨叛亂，是查爾斯・愛德華・斯圖亞特為奪回英國王位的叛亂行動，他試圖復辟斯圖亞特王朝。

[81] 麥克勞林傳可參考 https://mathshistory.st-andrews.ac.uk/Biographies/Maclaurin/。

別法則：「當縱坐標的一階流數為零，若同時它的二階流數為正，則縱坐標為極小值；而若它的二階流數為負，則縱坐標為極大值。」[82]此外，麥克勞林也應用史上最早的解析方法，來證明部分的微積分基本定理。

在這兩本英文的微積分教科書之後，我們還要簡介另一本以義大利文編寫的微積分課本，作者令人意外地，是一位神童出身、博學多聞的女士瑪麗亞・阿涅西 (Maria Agnesi)，[83]她的著作《給義大利青年使用的分析學基礎》(*Instituzioni analitiche ad uso della gioventù italiana*, 1748) 本來就是課程的講義（她是米蘭絲綢富商的長女，有二十弟妹須要她協助照顧），但一出版就贏得學界的重視，譬如，法國科學院就組織一個委員會，負責將該書翻譯成法文，因為「沒有別的，用任何語言寫的書籍，能夠使得讀者如此深入地，或如此迅速地進入分析學的基本概念」。教宗本篤十四世 (Pope Benedict XIV) 則推薦她擔任波隆那 (Bologna) 大學數學系主任，不過，她並未接受。英國劍橋數學家柯爾森 (John Colson) 為了將該書譯成英文而學習義大利文，他希望不列顛青年也能像義大利青年一樣受益。柯爾森曾在 1736 年將牛頓的拉丁文版的《論級數方法與流數法》翻譯成英文，現在他英譯阿涅西的微積分教本，其關注點可能在於此書所代表的，是萊布尼茲及其追隨者的傳統而非牛頓的微積分進路，因為阿涅西使用的語言是微分量 (differential) 及無限小，而非流數 (fluxion)。

---

[82] 引卡茲，《數學史通論》（第 2 版），頁 440。

[83] 有關阿涅西的傳記，可參考 Lynn Osen，《女數學家略傳》。不過，有關阿涅西父親的職業原先被認為是波隆那大學的數學教授，現在已被更正為米蘭絲織富商。另參考 https://mathshistory.st-andrews.ac.uk/Biographies/Agnesi/。

柯爾森的英譯版有一個插曲，就是他將阿涅西書中的箕舌線 (*la versiera*) $y=\frac{a\sqrt{a-x}}{\sqrt{x}}$ 誤解為義大利文的 *avversiera*，因為前者（*la versiera* 拉丁文本意是轉彎）也是後者的縮寫。在義大利文中，後者的意思就是「魔鬼之妻」，因此，柯爾森將他英譯為 witch，於是，這一條曲線就開始被稱為**「阿涅西的女巫」(Witch of Agnesi)**，一直沿用至今。

在本章結束之前，我們還須要說明歐拉分析學三部曲的內容梗概。前文在第 1.1 節已經略有說明，在此綜合簡介，以再次印證歐拉之於十八世紀數學的重大意義。這三部以拉丁文撰寫的著作依序如下：

- 《無窮分析引論》(*Introductio in analysin infinitorum*, 1748)
- 《微分學原理》(*Institutiones calculi differentialis*, 1755)
- 《積分學原理》(*Institutiones calculi integralis*, 1768–70)

《無窮分析引論》名列首部曲，完全是因為歐拉在給出函數的定義之後，主張數學分析 (mathematical analysis) 就是研究函數的一種理論。這部微積分的預備課程，是將微積分建立在初等函數 (elementary function) 理論之上，而非像之前的數學家奠基於幾何圖形。事實上，該書具有最大影響力的幾節，處理了指數函數、對數函數及三角函數，「因為正是在這部分，歐拉介紹了符號及概念，使得在早先課本中的這種函數的所有討論都被迫作廢。關於這些函數的所有的現代的處理，在某種意義上都是來自歐拉。」[84]還有，在第 1.1 節中，已經引述他如

[84] 引卡茲，《數學史通論》(第 2 版)，頁 442。

何利用二項式定理及複數，來推導出正弦函數、餘弦函數的冪級數。此外，儘管他在 1727 年已經推得（自然對數）$\ln(-1)=\pi i$，但在此他只允許對數函數的變數取正值。不過，他在 1751 年就給出了對數函數之變數取複數值的一個完整的理論。

歐拉在《無窮分析引論》對函數定義如下：一個變量的函數是用任何方式由這個變量及數或常量所構成的一個解析式。到了《微分學原理》的編寫階段，歐拉不再要求一個函數必須是一個解析式，而這，誠如數學史家卡茲所指出，或許跟他介入弦振動（偏微分）方程解的爭議有關（參考第 1.3.3 節）。現在，他所給出的函數定義之修訂版增添些許的一般化：「當量以這樣的量依賴於其他的量，即（前者）隨著（後者）改變而改變自身，則（前者）叫做（後者）的函數。」然後，他試圖「說清什麼是數學家所謂的無限小」，於是，他給出了關於無窮小量的不同階零的理論。儘管「這一理論在很長一段時間內未被數學家們理解，但歐拉所提倡的形式化方法，則為微積分基礎的純粹算術與代數的論證，開闢了道路」。[85]事實上，歐拉就是從計算無窮小量（即微分）的規則，建立了微分學的標準公式。譬如，$d(x^n)=nx^{n-1}dx$，其中 n 不限於正整數。另外，歐拉充分利用《無窮分析引論》的冪級數，來推導對數函數的微分公式。若 $y=\log x$，則

$$
\begin{aligned}
dy &= \log(x+dx)-\log(x)=\log(1+\frac{dx}{x}) \\
&= \frac{dx}{x}-\frac{dx^2}{2x^2}+\frac{dx^3}{3x^3}-\cdots
\end{aligned}
$$

[85] 引李文林，《數學珍寶》，頁 327。

捨去高階微分，即可獲得：$dy=\frac{1}{x}dx$。若給定反正切函數 $y=\arcsin x$，歐拉則是將它代入公式 $e^{iy}=\cos y+i\sin y$ 得到 $e^{iy}=\sqrt{1-x^2}+ix$，從而 $y=\frac{1}{i}(\log(\sqrt{1-x^2}+ix))$，最後得到

$$dy=d(\arcsin x)=\frac{1}{i}\frac{1}{\sqrt{1-x^2}+ix}(\frac{-x}{\sqrt{1-x^2}}+i)dx=\frac{dx}{\sqrt{1-x^2}}$$

《積分學原理》是歐拉分析學三部曲的最後一部，他一開始就定義何謂積分：從某量的給定微分關係中求出量本身的一種方法。正如同阿涅西與約翰・白努利一樣，歐拉也定義「積分法」與「微分法」是互逆的「運算」，而非涉及面積之計算。如果我們注意到這三冊都未附幾何圖說，那麼，這當然極為合理。其實，這也很好地解釋何以在《積分學原理》的第一部分中，歐拉會處理各種類型的函數之積分技巧（現代術語：求反導數）。比較特別的，是歐拉針對含平方根的函數之各種代換法，其中並未出現現代的三角代換法，其中有一章甚至討論如何運用無窮級數的積分法，是牛頓所喜歡的技巧。[86]在積分技巧方面，歐拉介紹三角函數乘冪的積分之簡約公式，甚至引進如下代換

$$\cos\varphi=\frac{1-x^2}{1+x^2},\ \sin\varphi=\frac{2x}{1+x^2}$$

將含有正弦、餘弦函數的有理函數轉化成為普通的有理函數。此外，

---

[86] 譬如，利用積分法求單位圓的上半部之面積：$\int_{-1}^{1}\sqrt{1-x^2}\,dx$。

歐拉也詳細地討論部分積分法，以及微分方程解的方法。

上一段提及歐拉三部曲都未附幾何圖形。事實上，它們都是純分析學的著作，歐拉甚至未曾討論微積分在幾何上的應用，這與現代微積分課本的反差頗大。如此，在《微分學原理》中，沒有出現切線、法線、切平面，以及曲率等單元；在《積分學原理》中，沒有編入面積、曲線長度、表面積，以及體積計算等單元，甚至沒有定積分的計算，當然也就不足為奇。還有，儘管歐拉非常擅長用「反導數」求面積，但由於他未曾將曲線下面積視為函數，因此，他從未考慮這種面積函數的導數。

無論如何，誠如數學史家卡茲指出：「十八世紀下半葉的所有數學家不斷使用歐拉的著作。可是，到下個世紀的早期，學生的需求開始改變。正是在法國大革命的變革之後新學生進入科學領域，刺激（數學家）撰寫出版了許多新教材。這些教材取代了歐拉的版本並成為今天的微積分課本的直接祖先。」[87]這個備註剛好可以呼應本節一開始提及的拉克洛瓦及其微積分教科書之意義。在法國大革命的脈絡中，數學教學需求的改變，顯然也連帶改變了數學教科書的內容與形式。拉克洛瓦就是最好的見證者。[88]

---

[87] 引卡茲，《數學史通論》（第 2 版），頁 447。

[88] 有關拉克洛瓦及其他一些相關教科書之歷史研究，可參考數學史家 Schubring, *Analysis of Historical Textbooks in Mathematics*。

附錄

白努利家族譜

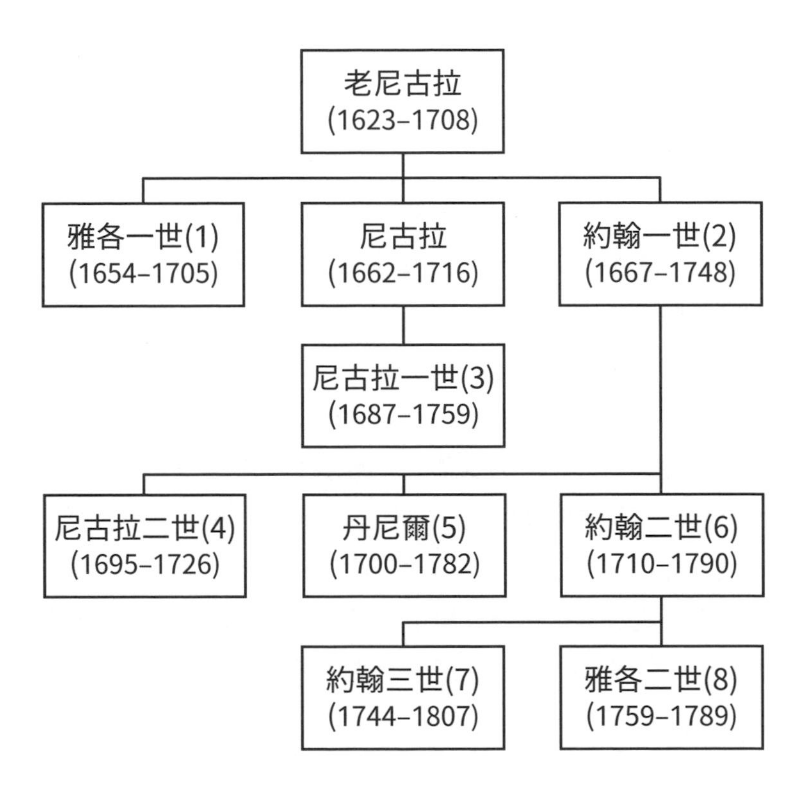
老尼古拉
(1623–1708)
雅各一世(1)
(1654–1705)
尼古拉
(1662–1716)
約翰一世(2)
(1667–1748)
尼古拉一世(3)
(1687–1759)
尼古拉二世(4)
(1695–1726)
丹尼爾(5)
(1700–1782)
約翰二世(6)
(1710–1790)
約翰三世(7)
(1744–1807)
雅各二世(8)
(1759–1789)

第 2 章
十九世紀數學（上）

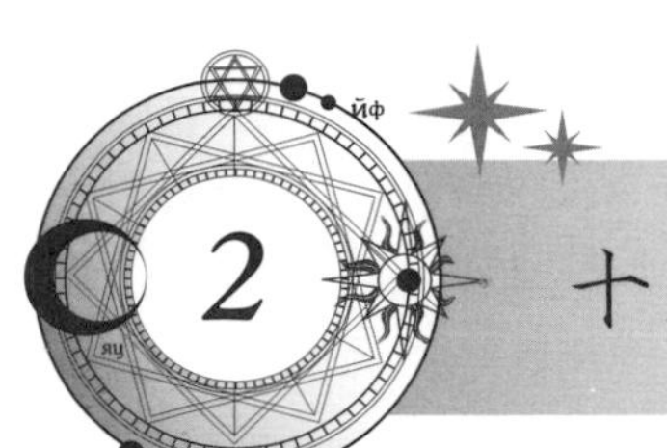

2 十九世紀數學（上）

一般而言，(現代) 數學 (社會) 史研究的主要面向有機構或制度 (institution)、學會 (society)、學報或期刊 (journal)，及其涉及數學知識專門化 (specialization) 與數學家專業 (profession) 之關連。這些面向在西方數學史上，始見諸於十九世紀。這或許可以解釋何以數學史家葛羅頓－吉尼斯會將他的數學通史著述《數學彩虹》中，專列一章 (Chapter 7 Institutions and profession after the French Revolution) 來說明法國大革命之後的機構與專業，為十九世紀西方數學史敘事，提供了不可或缺的歷史脈絡。本章最後四節 (第 2.3–2.6 節) 將主要著手敘說這些有關機構、學會以及學報 (或期刊) 的脈絡故事。

當然，在數學史的敘事中，人物角色的重要性應該居於首位。這就是我們在本章先邀請高斯這個「**大咖**」出場的主要理由，不過，在下一章我們將安排更多的傑出人物現身。如此，則按編年史 (以世紀為單位) 的規格來著述數學史，我們難免都會遭遇橫跨兩個世紀的數學家。在上一章，我們已經敘述了有關拉格朗日的故事，考察他如何在十八世紀末的數學建制中，發揮了具有「**現代性**」的數學家之角色。在本章中，我們將邀請偉大的高斯 (Gauss, 1777–1855) 出場。他無疑也是橫跨十八、十九兩世紀的偉大角色。根據數學史家史楚伊克 (Dirk Struik) 的說法，[1]從高斯身上我們可以看到這兩個世紀截然不同的數學風格。那麼，我們究竟如何賦予他的歷史定位？是將他視為十八世

---

[1] 參考 Struik, *A Concise History of Mathematics* (fourth edition), p. 142。

紀的總結人物？還是十九世紀的開路先鋒？

我們且先略察高斯在這兩個世紀之交的數學研究，當時他才二十出頭。西元 1799 年，高斯在提交給赫爾姆施泰特 (Helmstedt) 大學的博士論文中，證明了代數基本定理 (fundamental theorem of algebra)，以深化代數學結構面向 (structural aspect) 的風格，揮別了以求解方程式根的運算面向 (operational aspect) 為特徵的十八世紀。不過，他對純數學與應用數學的分野並不在乎——十八世紀歐拉的進路就是如此！他仍然經常使用科學拉丁文 (scientific Latin) 進行著述，同時，他對天文學的偏好，也很容易辨識出十八世紀數學的遺緒。

然而，收錄高斯十七歲以來數學研究成果的《算學講話》(*Disquisitiones arithmeticae*) 在 1801 年出版，卻為十九世紀西方數學揭開了序幕。正如法國數學家勒讓德 (Legendre) 的《數論合集》(*Essai sur la theorie des nombres*, 1798) 一樣，高斯也處理質數相關結果、二次式及連分數等主題，不過，他卻進一步揭露隱藏其中的結構性面向，譬如說，他就給出整數因數分解唯一性的第一個一般性的證明，而不只是提供解法而已。[2]

高斯誠然是數學史上區隔十八、十九世紀的關鍵角色 (dividing figure)，[3]論其貢獻當然不只數論而已。他在橢圓函數、古典微分幾何學、分析學（譬如勢論）、物理學，乃至天文學等研究領域，也都為其後的發展建立了不可或缺的里程碑。因此，數學史家史楚伊克將他定位為上承十八世紀、下啟十九世紀的偉大數學家。這個標籤即使納入數學專業化與制度化（或建制化）的因素來考慮，也應該適用才是。[4]

---

[2] 參考 Grattan-Guinness, *The Fontana History of Mathematical Sciences*, pp. 410–412。

[3] 參考 Struik, *A Concise History of Mathematics* (fourth edition), p. 142。

另一方面，我們本章繼高斯之後，將緊接著介紹與他密切通信、討論數學研究成果的蘇菲・熱爾曼，她是一位傑出的女數學家。由於她自學成長（十三至十八歲）於法國大革命的時代脈絡中，因此，為了凸顯她的「傳奇」故事之啟發性，我們應該在此簡要敘說大革命爆發 (1789) 之後到 1830 年的法國歷史片段，以便讓其中數學家的相關活動，有個具體的歷史架構可以依托。

法國大革命之後的那幾年，法國就像點名似的，一個接一個地向歐洲國家宣戰，其目標包括奧地利、普魯士、西班牙、葡萄牙，以及英國等等，因此，各國（普魯士除外）遂團結起來對付法國革命人士。西元 1798 年，拿破崙入侵埃及，有兩百位學者隨行，其中就包括著名的數學家蒙日 (Gaspard Monge, 1746–1818) 與傅立葉等人。1799 年，拿破崙以第一執政的身分開始統治法國，1804 年稱帝，他為了報答這些數學家的忠誠，任命蒙日為終身參議員，而後又加封為榮譽之旅的大指揮與貝魯斯伯爵。也任命勒讓德 (Legendre) 為帝國爵士、拉格朗日與拉普拉斯為伯爵。[5]不過，隨著拿破崙在 1815 年垮臺，蒙日失去所有職位，拉格朗日不幸於 1813 年就去世，至於勒讓德與拉普拉斯則與復辟王朝言歸於好，並得以繼續從事教學與研究。[6]

在整個歐洲捲入拿破崙戰爭時，普魯士原先保持中立，然而，西元 1805 年，在奧斯特里茲戰役中，拿破崙擊敗奧地利人與俄羅斯人，造成神聖羅馬帝國瓦解，緊接著，拿破崙又在 1806 年建立萊因邦聯，

---

4 參考 Struik, *A Concise History of Mathematics*, pp. 141–147; Grattan-Guinness, pp. 347–363。

5 拿破崙就讀軍事學院時，拉普拉斯曾是他的數學老師之一。後來，拉普拉斯將他的經典《天體力學》題獻給拿破崙。

6 參考卡茲，《數學史通論》（第 2 版），頁 497。

於是，普魯士向法國開戰。當年的 10 月 14 日，拿破崙軍隊在耶拿與奧埃爾斯特兩場戰役殲滅普軍，普魯士在一天之內就失去大半領土。最後，普法簽訂合約，普魯士不再是歐洲強權，學術重鎮甚至只剩下包括柯尼斯堡 (Konigsberg) 在內的兩所大學。正因為如此，威廉・馮・洪堡德 (Wilhelm von Humboldt) 才會受命革新普魯士的教育體制，並且在柏林創辦第一所大學，從而在十九世紀下半葉發展成為世界數學中心之一，我們將在第 3.1 節繼續敘說柏林大學的故事。

現在，我們不妨透過博物學家亞歷山大・馮・洪堡德 (Alexander von Humboldt) 的眼睛，[7]來觀看當時的巴黎與法國。亞歷山大是威廉的弟弟，西元 1804 年他從美洲探險之旅回到歐洲，但是，他選擇定居巴黎，而非柏林。「理由很簡單，其他城市都不像巴黎這樣沉浸在科學之中。歐洲沒有其他地方允許這般自主、自由的思想。經過法國大革命，天主教會的勢力遭到削減，法國的科學家不再受宗教經典和正統信仰的束縛。他們能夠拋開偏見來實驗和推測，質疑所有的一切。理性成了新的宗教，而金錢湧入各門科學。」此外，「洪堡德在巴黎發現志同道合的思想家，還有雕版師及各種關於科學的學會、機構和沙龍。巴黎同時也是歐洲的出版中心。」[8]不過，洪堡德也注意到巴黎儘管是僅次於倫敦的國際大都會，人口多達五十萬，但在革命騷動的十年裡，它卻變得破敗而艱苦，但此時「浮華再現」，全城居民似乎都活在公共空間之中，街道熙熙攘攘，總是洋溢著新奇的事物。

---

[7] 德國電影《丈量世界》(2013) 中的傳主之一就是亞歷山大・馮・洪堡德，另一位則是數學家高斯。值得觀賞與參考。

[8] 引沃爾芙，《博物學家的自然創世紀》，頁 141。

正因為如此，洪堡德即使不得不返回柏林，還是在西元 1807 年，普魯士國王希望他協助使節團到巴黎重新議和時，重回巴黎的懷抱。經過這麼多年，富裕的巴黎人並未感受到歐洲戰事的影響，巴黎市景欣欣向榮，隨著拿破崙的勝利而成長，各大博物館湧入的戰利品，更是讓市民目不暇給。可惜，在 1812 年，法國攻打俄羅斯折損兵力多達五十萬人，到 1813 年底，英國軍隊在威靈頓公爵的指揮下，將法軍逐出西班牙，奧地利、瑞典和普魯士聯軍也在德意志領土上給了拿破崙致命的一擊，最後，在萊比錫戰役中，法軍徹底被摧毀。於是，在 1814 年 3 月底，盟軍踏上巴黎香榭麗舍大道，拿破崙的歐洲帝國夢，終於變成歷史的泡沫了。[9]

拿破崙先是被流放到厄爾巴島，然後，逃回法國重整旗鼓，再於 1815 年 6 月在滑鐵盧之役被英國、普魯士聯軍徹底擊潰，最後，被流放到南大西洋的聖赫勒拿島，再也無法返回歐洲。此時，波旁王朝復辟，法國又回到君主行使主權的時代，但他們的權力受到《1814 年憲章》限制，[10]此時的法國實際上是一個君主立憲制國家。在這一時期，法國產生了兩位國王：路易十八和查理十世（1824 年繼位）。他們都是被革命政府處決的路易十六之弟弟。我們且引述史家沃爾芙如何再

---

[9] 參考沃爾芙，《博物學家的自然創世紀》，頁 171–173。

[10] 這部「憲章」承認法國大革命期間所獲得的重要原則（宗教自由，賦稅面前平等等）。為了重建國家的凝聚力，朝廷政治特赦 1814 年以前的國民行為。然而，另一方面，「憲章」也重申了君主的行政權、立法權和司法權，以及解散眾議院和任命貴族資格的權力。此時，議院是通過納稅選舉制選出，擁有（比路易十六掌權的第一帝國時期）更大的權力；司法體系主要承襲自第一帝國，尤其是《民法典》。此「憲章」是各方勢力妥協的產物，它招致了最強硬的保皇黨的譴責，特別是宗教團體「信仰騎士」的成員。然而，法律文字過於含糊不清，以至不同的政治派別，都期待它在實施上符合自己的希望。

次透過洪堡德的眼睛，來觀看這個復辟波旁王朝：「儘管路易十八尊重某些自由派觀點，但他是和整批流亡的超保皇黨人一同返國的，這些人想要回到革命前的『舊制度』(*ancien regime*)。」在國王之姪（王位繼承第三順位）被謀殺之後，保皇派更是緊縮政治權力與新聞自由，過去多方限制科學的宗教重新掌控法國社會，還有，「巴黎『不若以往適合』作為科學重鎮，因為實驗室、研究和教學的資金都被大幅削減。求知精神被扼殺，因為科學家發現他們必須討好新國王。」[11]甚至法國科學院也成立一個祕密委員會，來淨化圖書館，以清洗盧梭與伏爾泰等自由派學者的思想。

於是，在查理十世的高壓統治下，西元 1830 年 7 月爆發七月革命，復辟的波旁王朝被推翻，由奧爾良公爵路易腓立擔任國王。由於柯西與這個政治事件關係匪淺，我們要略事交代，作為下一章說明柯西的數學貢獻之參考。1830 年 9 月，柯西離開巴黎到瑞士短暫停留（原打算為瑞士建立科學院），由於他拒絕對新國王宣誓效忠，所以，他失去了法國所有工作。1831 年他前往杜林擔任理論物理講座，後來，1833 年又轉往布拉格，追隨被罷黜的查理十世，並擔任皇孫的家教。他應該就是此時認識布爾札諾 (Bernhard Bolzano, 1781–1848)。1838 年，柯西終於返回巴黎，並恢復巴黎科學院的職位，但由於他還是不肯宣誓效忠，所以，教職被迫終止。[12]

---

[11] 引沃爾芙，《博物學家的自然創世紀》，頁 214。

[12] 參考 https://mathshistory.st-andrews.ac.uk/Biographies/Cauchy/。

2.1 高斯橫跨十八～十九世紀

當年邁的歐拉與孫子玩耍時含笑離世，此時稚齡的高斯才準備上小學。沒有人知道四年前才三歲的他，就發現父親發放薪水計算錯誤。而三年後，他將會成為現在中小學教科書上，說明等差數列求總和的經典素材：

$$1+2+3+\cdots+100=5050$$

高斯在當時不留草稿地僅將答案 5050 寫在石板上。[13]這事件的意義非比尋常，因為終其一生，高斯總是直接地將答案寫下，而不留計算或推論的痕跡。

藉由卡洛琳學院 (Collegium Carolinum) 教授勤摩曼 (Zimmermann) 的引薦，年方十四的高斯，獲得布朗斯維克 (Brunswick) 公爵費迪南 (Charles II William Ferdinand) 的資助，至此高斯不需擔憂經濟上的困頓，天賦異稟的腦力即將高速運轉。

茲以高斯研究質數為例。提及質數，我們一般都會先提問兩個重要的問題：第一，質數有無窮多個嗎？西元前三世紀歐幾里得在《幾何原本》中，已經給了一個「答案肯定的」優雅證明。第二個問題則是，質數隨著數字變大似乎越來越稀疏，那麼，它究竟如何分布？就在高斯十五、十六歲時，他實際操弄一筆又一筆的數字，發現了質數分布定理：

---

[13] 在德國電影《丈量世界》(2013) 中，這一個插曲有著相當生動的描述，值得觀賞。不過，這段插曲是真是假，我們無法確知。

$$\pi(x) \sim \int_2^x \frac{1}{\log n} dn \quad 或 \quad \pi(x) \sim \frac{x}{\log x}$$

其中，$\pi(x)$ 是質數計數函數：用來表示小於或等於實數 x 的質數個數的函數。

不過，此時的高斯僅提出此猜想，[14]直到 1896 年，法國數學家哈達馬 (Jacques Salomon Hadamard, 1865–1963)、比利時數學家德・拉・瓦萊・普桑 (Charles Jean de la Vallée Poussin) 才各自獨立證明出來。

同樣源自歐幾里得《幾何原本》的「重要」問題，還有正 n 邊形的尺規作圖 (geometric construction) 問題：只要找得到其一邊長，投影在 x 軸上的長度，可以用加、減、乘、除或是 2 的冪次方根來表現，我們就有辦法完成此一尺規作圖。因此，從歐幾里得以來正三邊形、正五邊形、正十五邊形，及這些圖形邊長加倍的圖形，都有辦法利用尺規作圖完成。至於其他的正 n 邊形，一直沒有人可以找到尺規畫法。[15]直到就讀哥廷根大學，十八歲的高斯才讓這個迷霧驅散。求正 n 邊形的邊長，實際上就是在求解下列方程：

$$x^n - 1 = 0$$

並希望能找到 x 能以有限次四則運算與平方根的組合。

---

[14] 法國數學家勒讓德 (Adrien Legendre) 於 1798 年也發表質數分布猜想。

[15] 參考洪萬生，〈尺規作圖：正 3，4，5，6，15 邊形〉，載洪萬生主編，《摺摺稱奇：初登大雅之堂的摺紙數學》，頁 106–115。

見圖 2.1，在高斯平面上某單位圓中 $\overline{AB}$ 是某正 n 邊形的邊長，[16] 我們只要計算出 B 點對 x 軸的投影 C 點，使得 $\overline{OC}$ 是可以由有限次四則運算與平方根來求出，則此類的正 n 邊形就可以尺規作圖。

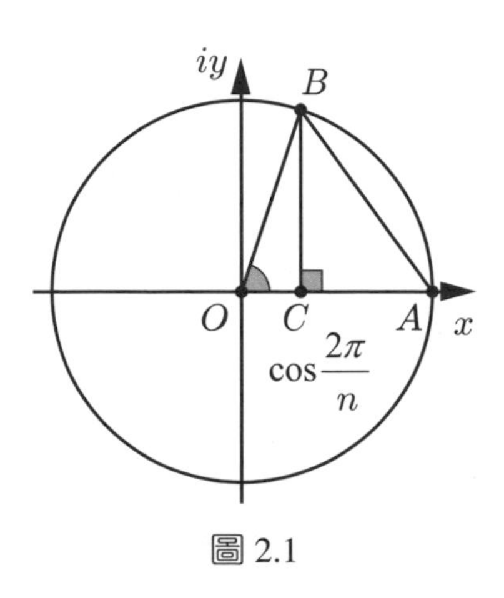

圖 2.1

利用棣美弗定理 $(\cos\theta+i\sin\theta)^n=\cos n\theta+i\sin n\theta$，可知 $\overline{OC}=\cos\dfrac{2\pi}{n}$。高斯在觀察 $x^{17}-1=0$ 的方程後，發現有趣的狀況，找到下列的算式：[17]

$$\cos\frac{2\pi}{17}=\frac{1}{16}\Big(-1+\sqrt{17}+\sqrt{34-2\sqrt{17}}+2\sqrt{17+3\sqrt{17}-\sqrt{34-2\sqrt{17}}-2\sqrt{34+2\sqrt{17}}}\Big)$$

[16] 複數平面又稱高斯平面。韋賽爾 (Caspar Wessel)、阿爾岡 (Jean-Robert Argand) 分別於 1799 年、1806 年提出這種敘述虛數的看法，高斯可能不知道這些作品，他於 1800 年也得到同樣想法。

[17] 參考黃俊瑋，〈精確之必要——從歐幾里得到高斯〉。

由於他是有限次的平方根運算，因此，正十七邊形可以尺規作圖。高斯對於這個發現既高興又驕傲，對他的好友波利耶說，希望在他自己的墓碑刻上一個正十七邊形。[18]這是高斯第一次也是唯一一次將這個發現，投稿給預告專門知識的期刊上。完成這件事已經夠令人震撼，但是，高斯還可以走得更遠，他將這些可以尺規作圖的正 n 邊形做了整理，並提出下列結果：

> 正 n 邊形可以尺規作圖的充要條件為所有可整除 n 的奇質數都是費馬質數，亦即 $n=2^k p_1^{k_1} p_2^{k_2} \cdots p_s^{k_s}$，其中所有的 p_i 都是費馬質數（對 m 為非負整數來說，形如 $2^{(2^m)}+1$ 的數）。[19]

但他僅在 1836 年給出充分條件的證明，至於必要條件的部分，則是萬澤爾 (Pierre Laurent Wantzel) 於 1837 年完成的貢獻。不過，也因為這個發現，讓正在為選擇語言學還是數學為其生涯的高斯，得到了明確的方向，數學界也因而獲得了偉大的英才。

求學階段的高斯，一直到發表他的第一篇數學論文，也是他的博士論文，達到了高峰。其博士論文題目為：

> 每一個單變數的多項式都可分解成一次式或二次式的新證明。

---

[18] 不過，事與願違，布朗斯維克的高斯紀念碑上，刻的是一個十七個稜角的星。原因在於雕刻工認為正十七邊形刻出來，會被誤認為一個圓形。

[19] 參考黃俊瑋，〈精確之必要——從歐幾里得到高斯〉。形如 $2^{(2^m)}+1$ 的質數稱為費馬質數（其中 m 是非負整數），以紀念法國數學家費馬。

也就是，之後眾所周知的代數基本定理，從題目上我們可以發現當時高斯仍避免使用虛數，原因在當時虛數還未得到它應有的數學合法「身分」，不過之後高斯對這個題目又提出了三個證明，最後一個證明是在他獲得博士學位後的五十週年提出，他安心使用了複數，因為此時大家都接受這個概念了。此外，正如前述，《算學講話》於 1801 年出版，是高斯的成名作，他也將本書題獻給他的贊助者：

> 獻給我最尊崇的君上，費迪南王子閣下，布朗斯維克的紐倫堡公爵。……
> 沒有公爵的善心相助的話，我將不可能完全地把自己獻身給數學，而數學一直是我熱愛的。[20]

高斯在這幾行話中確實將心中的感受表露出來，因為若是沒有費迪南公爵的資助，高斯恐怕無法順利完成學業，而他的博士論文與《算學講話》也將無法如期印行。令人遺憾的是，費迪南公爵在之後對抗拿破崙的戰役中，不幸兵敗喪命，然而，他卻藉由《算學講話》而留下永恆的「勝利」光輝。[21]

值得一提的是，在高斯發表《算學講話》的同一年，他也利用其善算的武器攻克了穀神星 (Ceres) 小行星之謎，[22]也就是精準算出了這

---

[20] 引《高斯：偉大數學家的一生》，頁 44。

[21] 在《丈量世界》(2013) 電影中，導演在敘說這段情節時，將公爵描述成為一位完全無法理解數學知識活動的大老粗。當高斯呈獻給他《算學講話》時，他隨手轉交給一位僕人，並且吩咐他告訴高斯：「等他計算得快一些時，再來找我」。話雖如此，公爵為何還要贊助高斯？這倒是一個嚴肅的數學社會史議題。

[22] 穀神星 (Ceres) 是火星與木星軌道之間的主小行星帶中最亮的天體。

個小行星的軌道，此舉除了宣告高斯往天文學研究外，也讓他在全世界學術圈裡大大出名。據說高斯可在一小時內算出慧星的軌道，而使用歐拉的老方法則要花上三天，歐拉可因此算瞎了一隻眼睛，高斯因此批評說：「如果我用那個方法算上三天，我的兩隻眼睛都要瞎掉了！」[23]

另一方面，也因為高斯對於天文學與之後對測地學的興趣，促使他想找個合理的方式來估計誤差量，這樣的過程也使他獲得機率與統計上的新思惟。高斯於 1809 年發表有關天體運動的論文雖然指出：1806 年法國數學家勒讓德 (Legendre) 已發表最小平方法 (least square method)，但是，他自己卻是於 1795 年（當時高斯十八歲）就已經發現，因為自 1802 年以來，他幾乎都用這個方法，來計算行星軌道。至於統計學中著名的高斯曲線或是常態分布曲線，也是在其天體運動的論文中出現。

在十八世紀，不管是用何種比例尺來畫地圖，都有很多問題要克服，這些問題也吸引了高斯的目光。因此，在西元 1800 到 1815 年間，高斯常帶著他的六分儀到田野測量，應用他的測地三角法及球面的保角平面投影法，他堪稱是當時最先進的測地專家，甚至其理論在之後，他還進一步發展出（位）勢理論 (potential theory) 的濫觴。

除了實際測地外，高斯也在幾何的基礎向前推進，尤其是微分幾何中的曲面理論，他致力於曲面的局部性質，例如：沿著曲面上某曲線作微小運動時，所能敘述的曲面性質。在平面曲線上他提出了曲率 (curvature) κ 為密切圓 (osculating circle) 半徑的倒數。而在空間曲線中，他定義了現在以他為名的「高斯曲率」K 是空間曲面中 P 點各切

[23] 引《高斯：偉大數學家的一生》，頁 59。

平面中曲率極大與極小的兩個相乘的乘積。並在 1827 年的論文中，他證明了高斯曲率（Gaussian curvature 或全曲率 total curvature）是一個保長 (isometry) 不變量。而對於測地三角形，又有下列公式：

$$A+B+C-\pi=K\cdot T$$

其中 A, B, C 是三角形的三內角，K 是高斯曲率，T 是三角形面積。當 $K\neq 0$ 時（亦即非歐式平面時），就進入非歐幾何的領域了。

由於在歐氏幾何中，「三角形內角和等於兩個直角之和」等價於平行公設，因此，讓我們回顧《幾何原本》的五條設準 (postulate)（見《數之軌跡 I：古代的數學文明》第 3.4 節），尤其是最後一條「第 5 設準」（或設準 5）：

> 如果一條線段與兩條直線相交，在某一側的內角和小於兩直角和，那麼，這兩條直線在不斷延伸後，會在內角和小於兩直角和的一側相交。

這是一條在字面上未提及平行概念的設準，後來被證明等價於如下一般所熟悉的「平行公設」：過直線外一點，僅能作出一條新直線與原直線不相交。兩千多年來，不少數學家們總覺得《幾何原本》原版的平行公設（亦即第 5 設準）「彆扭」，不像前四個設準敘述簡潔，一直思考著有沒有辦法利用前四個設準，推導出第 5 設準，使其成為定理。

事實上，上述想法永遠無法達成，因為匈牙利人約翰・波里耶 (Johann Bolyai) 與俄國羅巴秋夫斯基 (Nikolai Lobachevski) 兩位數學家獨立提出平行公設的替代公設，「過直線外一點，至少能做出兩條新直線與原直線不相交」，開創出非歐幾何的新領域。[24]不過，1832 年高斯致函好友沃漢・波里耶 (Wolfgang Bolyai)，談及好友兒子約翰有關非歐幾何學的研究工作時，給出底下的評論：

> 如果我一開始就說我不能評價它，你一定會驚訝它，但是我別無他法。讚揚你兒子意味著讚揚我自己。因為所有論文的內容以及你兒子的研究方式，和我在三十至三十五年以前的想法幾乎完全一樣。……使我高興的是，我最好的一個朋友的兒子以如此非凡的方式趕上了我。[25]

據此而言，高斯於十五、十六歲時就已經研究過非歐幾何。只是當時的高斯選擇不發表。

《算學講話》讓高斯打開了數學界的名氣，計算穀神星的軌道建立了學術地位。不過，真正讓高斯於大眾之間口耳相傳的事蹟，卻是他與物理學家韋伯 (Wilhelm Weber) 共同發明電報術。西元 1833 年，高斯五十六歲，韋伯二十九歲，但是，年齡的差距並不影響這一支堅強的隊伍，名聲已經響亮的高斯反而很看重韋伯。除了電報術，高斯在物理方面的工作，還與韋伯合著了地磁圖，而高斯的名字也被採用為磁場強度與磁感應的單位。另外，在幾何光學、毛細現象及最小約束運動 (motion of least constraint) 都有高斯的耕耘成果。

數論、代數學、天文學、測地學、幾何學、機率與統計，甚至物

---

[24] 參考第 3.4.1 節。

[25] 引《高斯：偉大數學家的一生》，頁 107。

理的電磁學與光學，在這麼多的領域都可以找到高斯的蹤跡。此外，高斯也曾投注時間在超越函數的一般原理，意即今日所稱的橢圓函數上。[26]而提到橢圓函數，通常會令人想到一位身世坎坷的挪威天才數學家阿貝爾 (Niels Henrik Abel, 1802–1829)。不過，遺憾的是，高斯在一封談及橢圓函數的信中，提到阿貝爾的研究，就如同他在前文評論好友兒子約翰・波里耶研究非歐幾何一樣：

> 他所採用的途徑，和我在 1798 年開始時候完全相同，所以結果非常一致……所以他的許多公式看起來像是「抄襲」我的。……我從不記得曾經和任何人討論過這些東西。[27]

阿貝爾顯然得不到當時第一流數學家高斯的公開讚賞。他在二十六歲時，因肺結核而英年早逝。

總之，高斯好像不很愛發表自己的發現成果，但又常會惹得率先發表發現成果的優先者無奈或是生氣，例如：勒讓德在質數分布猜想與最小平方法的研究、約翰・波里耶於非歐幾何的發表，以及阿貝爾的橢圓函數等等，都是令人扼腕的插曲。事實上，還有許多優先權的爭議來自高斯的雜記。他的雜記在 1898 年才被發現，當時他已作古多年，裡面記載了 1796–1814 年間高斯的新發現。高斯對於嚴密性的要求甚為徹底，他常說：「當一幢建築完成時，應該不留下任何鷹架。」另外，他的個性也稍嫌保守，厭惡爭議或是辯論，例如：若在大家還無法接受虛數與非歐幾何時，就發表自己的新發現，那麼，一場公開

---

[26] 橢圓函數與求橢圓弧長問題有關。

[27] 引《高斯：偉大數學家的一生》，頁 127。

的爭論與責難想必無法避免。不過，高斯若能利用自己的高人氣，多給後進（如波里耶、阿貝爾等）一些鼓勵，數學圈的風貌可能就改觀也說不定。然而，「稀少，但成熟」(*pauca sed matura*/few but ripe) 畢竟是數學王子高斯的座右銘，不妨就此一面向來欣賞高斯的偉大成就。

蘇菲・熱爾曼

在巴黎聖丹尼路 (*rue Saint-Denis*) 上的無辜者噴泉 (*Fontaine des SS. Innocents*) 附近，蘇菲・熱爾曼 (Sophie Germain, 1776–1831) 出生在一個富裕的絲綢商人家庭，因此，她擁有足夠的書籍資源以及巴黎上流社會的人脈，來進行「自主學習」。[28]

蘇菲住在被稱為「斷頭臺的前廳」的一座監獄附近，所有犯人包含社會最頂層的貴族，例如皇后瑪麗・安東妮 (Maria Antônia, 1755–1793)、政治犯，以及社會最底層的犯人，他們在被砍頭前，都會在這間監獄羈押幾天。而在象徵法國王權專制獨裁的巴士底監獄於 1789 年被攻陷後，恐怖統治將巴黎變成一座暴動城市，此時蘇菲也才十三歲。在這個可怕現實所包圍的時代中，她獻身於數學並因而築起了一道無形的牆，將恐懼與焦慮，高昂與理想主義的怪異組合隔開，也使得蘇菲在心理與智識兩方面，都獲得很大的成長。

法國大革命之後，高等教育機構因被認為保守反動而全數遭到關閉。直到西元 1794 年國民議會決議設立中央工程學校，1795 年更名為工藝學院 (Ècole Polytechnique)，法國高等教育才重現生機。工藝學

---

[28] 蘇菲・熱爾曼的傳記可參考穆西亞拉克，〈蘇菲・熱爾曼的傳記素描〉，載穆西亞拉克，《蘇菲的日記》，頁 283–304。

院有關數學與化學的「**革命課程**」(**revolutionary course**)，是由拉格朗日教授分析學，德普羅尼 (Gaspard Riche de Prony, 1755–1839) 開設力學課程，蒙日則負責畫法幾何與微分幾何課程。[29]蘇菲透過一些人脈關係拿到了課程講義，由於擔心這些老師知道自己是女性而遭受異樣眼光，因此，她利用安多・奧古斯・魯布蘭克 (le Blanc) 的名義，將她研讀後的心得向拉格朗日請益。

不過，蘇菲依然孤獨地做研究，她的教育毫無章法，而且隨心所欲，因為她從未獲得她渴望的嚴密訓練，因此，她必須從當時著名的數學家處尋求建議，而且，她也大膽地將自己的想法與數學難題的解答提交出去。西元 1800 年代初期，蘇菲著手研究數論裡的聖盃——費馬最後定理。1798 年，法國數學家勒讓德出版《數論合集》，同時，在 1799–1816 年間，他也擔任工藝學院的考官 (examinateur/examiner)。蘇菲曾透過書信與勒讓德討論。西元 1801 年，高斯所出版的《算學講話》，深深地吸引了蘇菲的目光。要獲得真正數學家的認同，數學王子高斯當然是最佳人選。過了三年，當蘇菲對高斯的著作了然於心之後，開始與高斯通信。不過，蘇菲害怕高斯一開始就知道她是女性而排斥她的信件，因此，她採用「魯布蘭克先生」的假名與高斯通信。直到 1806 年，法軍占領布朗斯維克 (Brunswick，高斯的家鄉)，當時芳齡三十歲的蘇菲懇求皮赫內提 (Pernety) 將軍能保護高斯。不過高斯大感困惑回應找到他的襄特爾 (Chantel) 營長，請他謝謝將軍與熱爾曼小姐的關心。直到三個月後，蘇菲寫信給高斯，承認她就是魯布蘭克先生。

在西元 1809–1815 年間，蘇菲傾注全力發展有關振動板 (vibrating plates) 的數學理論。1809 年，法蘭西科學院的數學與物理部門宣布了

---

[29] 參考卡茲，《數學史通論》(第 2 版)，頁 495–496。

一項為期兩年的競賽，參賽者要建構一個彈性表面的理論，並指出它如何符合經驗證據。由於彈性板的振動理論尚未問世，蘇菲提出唯一參賽的作品，不過，它並未獲獎，也因為沒有出現優勝者，競賽就展延下去。再一次，蘇菲又繳出唯一的參賽作品，不過，還是無法給出令人滿意的推演過程。但這一次，裁判小組對蘇菲的備忘錄十分推崇。又一次地，競賽再次展延，三十八歲的蘇菲這次非常有自信地提交了一篇新論文。總算在 1815 年 1 月 8 日，法蘭西科學院數學與物理部門宣布蘇菲・熱爾曼贏得大獎。然而，蘇菲未曾現身於頒獎典禮，讓許多想要一睹芳容的人大失所望。

西元 1815 年 12 月 26 日法蘭西科學院宣布另一場新的競賽：證明費馬最後定理 (Fermat's Last Theorem, FLT)：[30]當正整數 $n>2$ 時，關於 x, y, z 的不定方程式 $x^n+y^n=z^n$ 無正整數解。

這是一個吸引蘇菲多年的主題。雖然這個競賽在西元 1818 年公開，但是 1820 年就撤銷了。不過，這還是沒有澆熄蘇菲研究的熱情，因為在 1819 年 5 月 12 日，蘇菲寄了一封信給高斯，在信中她分享了她在彈性表面理論的工作，但也提及她從未忘懷有關數論的研究。接著，她陳述在閱讀完《算學講話》之後，她反思費馬最後定理多年，簡述了費馬最後定理的一般性證明策略。[31]

除了高斯，蘇菲也贏得勒讓德與傅立葉及其他許多學者的尊敬。

[30] 費馬最後定理由十七世紀法國數學家費馬提出，一直都只是「費馬猜想」，儘管它被慣稱為「費馬最後定理」。直到英國數學家安德魯・懷爾斯 (Andrew John Wiles) 及其學生理查・泰勒 (Richard Taylor) 於 1995 年將它們成功證明之後，才成為名符其實的「費馬最後定理」。

[31] 參考穆西亞拉克，《蘇菲的日記》，頁 303–304。

從達倫貝爾、柯西、邦索，以及納維爾等人在 1820–1823 年間寫給蘇菲的信中，都推崇她即使不在法國傑出男性的燦爛繁星之列，也不會被同時代的學者所忽略。法國物理學家比歐 (Jean-Baptiste Biot) 曾寫到：「熱爾曼小姐可能是她的性別之中，最深刻專注於數學科學的一位，即使與夏德萊夫人相比也不例外，這是因為在蘇菲的成長過程中，沒有類似克雷羅 (Clairaut) 的角色（以愛彌麗・夏德萊的數學家庭教師克雷羅為參照）。」

蘇菲於 1829 年罹患癌症，不過，疾病與 1830 年再次震撼巴黎的革命事件，都不曾阻礙她繼續研究數論，書寫她的哲學構想，以及改善她在彈性曲面之曲率上的分析學。1831 年 6 月 27 日，蘇菲・熱爾曼在巴黎去世。多年之後，一塊石碑立於她臨終的家屋前，賦予她哲學家與數學家的頭銜。這棟陪伴蘇菲成年歲月的樸實建築物，目前仍屹立在巴黎德沙娃街 (*rue de Savoi*) 13 號，越過塞納河，與她成長的聖丹尼路住宅只有幾個街區的距離。[32]

2.3 數學建制化：以巴黎工藝學院為例[33]

1789 年法國大革命發生之後，法國在各方面都陷入動盪紛亂的情況，許多舊制度 (*ancien regime*) 被廢止或改變，新的措施也紛紛實行，包含設立新的培養公職人員的學校。上一節我們曾提及，[34]1795 年改

---

[32] 法國為了紀念蘇菲，特別以她的名字命名巴黎的一個小街 (Rue Sophie Germain 75014 Paris)。也有一所女子中學以她為名，這所中學坐落在德喬街 9 號（巴黎第四區），從橫跨塞納河的瑪麗橋過去，步行只要四分鐘。

[33] 本小節絕大部分引用了 Grattan-Guinness 的 *The Fontana History of Mathematical Sciences* 第 7 章的內容。

名的巴黎工藝學院 (Ècole Polytechnique)，透過入學考試招收來自全法國的優秀學生，獲得錄取的學生在二到三年內將學習數學與科學的知識，為進入更專門的工程學校成為公職工程師做準備。工藝學院在經歷草創的動盪之後，迅速地獲得很高的聲望，其中一個重要的原因就是優秀的師資與課程規劃。例如，法國大革命之前就協助海軍學院改革科學教學的蒙日，不僅參與了工藝學院的創建、課程規劃、擔任校長 (1797–1800)，還親自講授**「畫法幾何學」(descriptive geometry)**。[35]其他著名的數學家如拉格朗日、拉普拉斯、拉克洛瓦 (Lacroix)、卜瓦松 (Poission)、比歐 (Biot)、蓋呂薩克 (Gay-Lussac)、柯西、傅立葉也都曾經在工藝學院任教。有些教師，例如柯西，還會把自己的最新研究成果帶到課堂上教給學生，雖然不是每個學生都想要學習高深且抽象的數學理論，但確實也讓工藝學院的學生，接觸到學界最新的研究成果與課題。

巴黎工藝學院的教師為了教學而編寫教材，對數學、科學的傳播與發展產生了巨大的影響，最顯著的例子就是拉克洛瓦。他編寫的教材包含算術、三角學、幾何學、分析學，十分暢銷，不僅持續出版、再版，還翻譯成不同的語言，如《數學課程》(*Cours de Mathématiques*)、《微分學與積分學導論》。後者這一本簡易版的微積分

---

[34] 在上一節有關蘇菲的傳記中，《蘇菲的日記》之作者運用虛構的十三歲蘇菲的眼睛，來觀看法國大革命的動盪，其中當然揉合了史實。不過，更貼近史實的觀察者非亞歷山大・馮・洪堡德莫屬，他在 1790 年（亦即大革命後一年）訪問巴黎，留下許多第一手的觀察。史家沃爾芙在她的《博物學家的自然創世紀》中，讓我們試著從洪堡德的眼睛來看這一場大革命，以及其後巴黎的動態。參考沃爾芙，《博物學家的自然創世紀》，頁 140–175。

[35] 蒙日是拿破崙十分親近的朋友，因此，蒙日治校頗有威望。

課本，於 1816 年被英國分析學會的皮考克、赫歇爾和巴貝奇譯成英文版 *An Elementary Treatise on the Differential and Integral Calculus*，將歐洲大陸的微積分帶進英國，而取代牛頓的流數法微積分，我們在前文第 1.6 節中已有說明。後來，這本書應該也傳入美國。[36]美國數學家羅密士 (Elias Loomis) 的 《解析幾何與微積分》 (*Elements of Analytical Geometry, and of the Differential and Integral Calculus*, 1850) 很有可能也在此「**傳播鏈**」上，它被中國晚清李善蘭 (1811–1882) 和英國傳教士偉烈亞力 (Alexander Wylie) 譯成《代微積拾級》(1859)，成為東亞第一本微積分課本，促進了東亞現代數學的發展。除了拉克洛瓦的教材外， 柯西編寫的教材成為分析學嚴密性與算術化的里程碑， 見第 2.3 節。

從巴黎工藝學院畢業的學生，繼續深造之後，除了成為公職工程師外，也有不少人在學術界嶄露頭角，有些還回到了巴黎工藝學院擔任教職，繼續培育英才，其中最著名的例子就是柯西。簡言之，大革命後新創立的（巴黎）工藝學院，雖然後續歷經了變革，在 1805 年被稱帝後的拿破崙改制成為軍事學校，[37]但在師資與教材上的傑出水準，以及嚴格的入學選才標準，不僅讓它成為十九世紀後法國重要的工程學校，更造就了許多人才，推動數學、科學等各領域的發展。表 2.1 列出部分曾在巴黎工藝學院求學或任教的有名數學家與科學家。

---

[36] 參考 Frank Swetz, “Textbooks of Lacroix: Differential and Integral Calculus”, https://www.maa.org/book/export/html/640777。

[37] 拿破崙於 1799 年發動霧月政變，而成為法蘭西共和國第一執政，並在五年後 (1804) 稱帝。

表 2.1：十九世紀曾在巴黎工藝學院求學或任教的數學家／科學家

人名	求學	任教
安培 (André-Marie Ampère)		✓
伯特蘭 (Joseph Louis François Bertrand)	✓	✓
比歐 (Jean-Baptiste Biot)	✓	✓
貝克勒 (Henri Becquerel)	✓	✓
柯西 (Augustin-Louis Cauchy)	✓	✓
沙勒 (Michel Chasles)	✓	✓
科里奧利 (Gustave Gaspard de Coriolis)	✓	✓
卡諾 (Nicolas Léonard Sadi Carnot)	✓	
傅立葉 (Jean Baptiste Joseph Fourier)		✓
菲涅爾 (Augustin-Jean Fresnel)	✓	
哈切特 (Jean Nicolas Pierre Hachette)		✓
赫密特 (Charles Hermite)	✓	✓
約當 (Marie Ennemond Camille Jordan)	✓	✓
拉克洛瓦 (Sylvestre François Lacroix)		✓
拉格朗日 (Joseph Lagrange)		✓
劉維爾 (Joseph Liouville)	✓	✓
蒙日 (Gaspard Monge)		✓
納維 (Claude-Louis Navier)	✓	✓
卜瓦松 (Siméon Denis Poission)	✓	✓
龐加萊 (Jules Henri Poincaré)	✓	
史特姆 (Jacques Charles François Sturm)		✓

無論是巴黎工藝學院還是巴黎師範學院，在歷經草創時期的不穩定之後，在課程、師資與教學上的投注，逐漸成為法國在十九世紀科學發展與培育人才的重鎮。雖然有學者指出，巴黎工藝學院在數學課

程目標上曾經引起爭論，迫使數學教授如拉格朗日、柯西不能在課堂上，繼續教授更先進的數學理論，不過，穩定的教育制度與嚴謹的入學考試，仍提供當年優秀學生一個良好的求學環境，踏上數學、科學研究之路。再者，教育機構也提供學者一個穩定的工作機會，數學家、科學家也被期待能在教育機構中作育英才，把數學、科學知識清楚、嚴謹地傳授給學生，而這也讓數學走向嚴密之路，詳見第 3.2 節。

首先，為了滿足土木工程和軍事工程兩方面的需求，工程學校的體系引起了政治爭議。正如前述，拿破崙皇帝將巴黎工藝學院轉變為純粹的軍事學校，並且實行更為嚴格的治理，[38]但是土木工程人才仍然是法國首要需求。

其次，一直持續到 1810 年代後期，該學院的學生都很傑出而且畢業後成為主要的科學家，但這違反了預備（初級）機構成立的目的。另外，該學院那些優秀教師與所謂「應用學校」的平庸同儕，形成鮮明的對比，畢竟後者的設校目的，是進行更高層次的教學。

第三，最重要的是，在各數學分支所教授的數量與平衡方面，出現很大的分歧和爭議。我們試以兩個創立分析學的專家為例來說明：純數學家拉格朗日和傑出工程師德普羅尼。在早期的年代裡，由於工藝學院校長蒙日的影響力，於是，他所鍾愛的學科——畫法幾何學就廣為流傳。但到西元 1800 年代中期，畫法幾何學教學時數已大大減少，轉而騰出更多時間進行分析學的教學。主要影響力來自拉普拉斯，他雖然不曾在學校任教，但作為考官和他以內部主管的身分，在西元 1799 年短短六週內，創立了管理委員會。這使得工程應用的方向被轉

---

[38] 拿破崙稱帝後，該校學生大鬧學潮，他忍不住向時任校長的蒙日抱怨，結果蒙日安撫他說：法國一下子「共和」，一下子「帝制」，學生需要時間來適應太頻繁的改變。

向更寬面向的應用數學，甚至純粹數學的面向。

這種趨勢在 1815 年拿破崙第二次兵敗與波旁復辟之後逐漸轉強。工藝學院學生的畢業和波旁狂熱分子柯西，帶著他在西元 1820 年代的數學分析方面的創新研究進入。然而，這又引起了學生甚至是同事的強烈反對。

在西元 1830 年革命失敗後，柯西與法國的波旁主義者一起逃離法國，[39]不過，他的研究仍然受到其他人的教導。天文學家列維勒 (Urban Leverrier) 於 1850 年對課程提綱進行了改革，使工程學方面的應用重新受到青睞。隨後，幾位教授辭職以示抗議。

2.4 法國高等教育機構

從西元 1798 年起，德普羅尼在巴黎路橋學院 (École des Ponts ParisTech) 一直擔任四十年的主事者，同時在巴黎工藝學院任教。許多最傑出的畢業生都去那裡深造。但直到 1819 年，納維 (Claude-Louis Navier, 1785–1836) 被任命為彈性理論和應用力學的教授，教學的品質才發生變化；他在那開創了一個學術傳統。在未來六十年內，由科里奧利 (Gustave Gaspard de Coriolis, 1792–1843) 和聖維南 (Adhémar-Jean-Claude Barré de Saint-Venant, 1797–1886) 接棒。

在阿爾撒斯 (Alsace) 的梅斯軍事學院中，彭賽列 (Jean-Victor Poncelet, 1788–1867) 上校於 1824 年開設能源力學課程，在那裡以及後來的巴黎學院也開創了一個學術傳統。然而，該校於 1871 年關閉，

---

[39] 他曾在 1734 年於布拉格停留，與布爾札諾見過面。不過，他的「中間值定理」之傑出證明是否參考布爾札諾的想法，史家無法確定。

學校是在 1795 年從梅濟耶爾 (Mézières) 搬過去的，但在普法戰爭中被普魯士人吞併後關閉。

法國高等教育體系的第二類是大學 (université)，它於 1808 年成立時就被稱為大學。這不是一個令人「快樂」的名字，因為它不同於中世紀大學體制，是由國家對學校教學的控制壟斷，並且大學也分成學院 (acadèmies)，其教職員工都由國家任命的校長管轄與督導，這與中世紀大學的自治精神完全相悖。(請參看《數之軌跡 II：數學的交流與轉化》第 3.4 節）當然，巴黎大學也很重要，但在品質和聲望上則次於巴黎理工學院。在這類 université 裡，巴黎為聰明的學生設立了一個學校——巴黎師範學院。

約莫和巴黎工藝學院創立時間相當，法國原就計畫在巴黎成立一所專門培養師資的學校，雖然一開始有蒙日、拉格朗日、拉普拉斯，以及范德蒙 (Alexandre Vandermonde, 1735–1796) 等人參與創立並設計課程，但這所學校在西元 1795 年 1 月正式揭幕六個月後，就被迫關閉。1810 年曾經復辦，1818 年舉辦入學考試，1822 年又被下令停辦。1826 年再度復辦，並在 1830 年改名為「**師範學院**」**(Ecole normale)**，1845 年又改名而為今日大家熟悉的「巴黎高等師範大學」。西元 1795 年短暫存在的這所學校 (後文通稱為巴黎師範學院)，錄取了一個很特殊的學生傅立葉，時年二十七歲的傅立葉已經在軍事學校受過訓練甚至是當過教師，但在 1795 年短暫的求學時間裡，他接觸到了蒙日、拉格朗日、拉普拉斯，對他的學術生涯產生了很大的影響。

巴黎師範學院在穩定辦學之後，西元 1840 年代開始成為學術重鎮，數學聲望開始追上甚至超越巴黎工藝學院。例如說吧，在西元 1861 年，十九歲的達布 (Gaston Darboux, 1842–1917) 放棄巴黎工藝學院的入學資格，而選擇巴黎師範學院，達布後來在分析學與微分幾何領域都做出了重要的貢獻。十九世紀晚期登上世界舞臺的重要數學家哈達馬、皮卡 (Emile Picard, 1856–1941)，也都是出自巴黎師範學院。至於二十世紀活躍的數學團體「布爾巴基」(Bourbaki)，其創立與主要成員，都是出身巴黎師範學院。時至今日，巴黎高等師範大學已培育出許多費爾茲獎、諾貝爾獎等大獎得主。

最後，有一個獨特的機構可以追溯到十六世紀。1793 年後稱為法蘭西學院 (Collège de France)，它在很大程度上沒有改變，繼續維持其原有功能。在那裡進行教學和研究是為了學者自己，沒有入學條件或考試。直到 1840 年代劉維爾 (Joseph Liouville, 1809–1882) 被任命前，數學的標準要求一直很低。然而，物理學的兩位主席中的一位是由比歐 (Jean-Baptiste Biot, 1774–1862) 擔任十八世紀前六十年任期 。這對數學物理學具有重要意義，尤其是當安培 (André-Marie Ampère, 1775–1836) 在 1824 年接任另一位主席。其他一些機構也為特定科學提供了論壇和就業機會：例如，天文學和行星力學的經度局，以及製圖學的戰爭檔案局 (Dépôt Générale de la Guerre)。

這種研究和教學機構的集合，以及兩者所提供的就業機會，給科學家提供了一個成為職業的新穎機會。但是，儘管這些機構本身在其特定專業領域沒有競爭對手，但在其資助人，贊助人和任命教職方面，他們之間存在很多競爭。在這裡可以看到現代科學機構的許多方面的起源。

2.5 數學建制的國際化

西元 1810 年代初期，法國在科學領域領導地位開始有了回響，譬如，美國西點軍校的改組嘗試模仿巴黎工藝學院的建制。前文曾提及，

從 1800 年代開始，布拉格的數學家／哲學家布爾札諾雖然有一些貢獻，但因為布拉格地處邊陲，他要一直等到 1880 年代才開始引起國際學界注意。[40]

另一方面，普魯士在 1820 年代嘗試在柏林建立這樣的學校儘管功敗垂成，但是，它已經展開了大學制度的成功革命，將幾十個不重要的機構減少到了少數更專業的機構。柏林大學是領導者，儘管創立之初數學不是其強項之一。

拉普拉斯在《天體力學》(1799) 的前兩卷終於開始喚醒一些英國人，他們拋棄了傳統的流數法。歐拉微積分（微分量與微分係數）的流傳，則有賴於英國軍校的教授普雷菲爾 (John Playfair) 和其他一些蘇格蘭人，[41]以及都柏林三一學院的勞埃德 (Bartholomew Lloyd) 和他的同事之學習推廣。在劍橋，拉格朗日的代數方法得到了伍德豪斯 (Robert Woodhouse) 的青睞。1810 年代初，三位劍橋大學生建立「分析學會」，很快地，湧現出了一大批數學家，其中包括笛摩根 (Augustus De Morgan, 1806–1871)，他於 1828 年（二十三歲）成為倫敦大學的創校教授。

在義大利，魯菲尼 (Paolo Ruffini) 和布魯納奇 (Vincenzo Brunacci) 在代數和分析領域保持了良好的研究傳統，其他的人物也為力學做出了貢獻。除個人外，自 1782 年以來，義大利學會 (Società Italiana) 一直在促進科學的發展。這種學會的存在非常難能可貴，因為它是在一個到 1860 年代才取得統一的國家，而與半島各地和地中海諸島的成員

---

[40] 參考劉柏宏，〈布爾札諾：俠行於無限世界的唐吉軻德〉。

[41] 普雷菲爾提出第 5 設準的等價形式如下：通過給定直線外一點，恰好只有一條直線與給定直線平行。這是目前最為人所知的「平行公設」之內容。

所組成的一個「國際」組織。這些舉措的結果是在 1820 年代開始讓高斯、貝塞爾和其他一些人在法國以外的地方貢獻。這個變化是迅速的：不到十年，其他幾個國家已經擁有可以誇耀的人才。

2.6 國際化的數學期刊

數學作品已經在各色各樣的期刊上發表。以法國為例，就有巴黎工藝學院及巴黎科學院的學報，此外，還有一些軍事期刊，以及許多企業機構的出版品。法國還有以科學、工程和經濟學領域為主的《科學和工業期刊》(*Bulletin Universel des Sciences et de l'Industrie*)，由博物學家費魯薩克 (Férrusac) 男爵贊助，這是史上第一套國際抽象科學叢書系列。這套叢書的八個平行系列非常出色，出版八年後由於政府終止支持，而被迫於 1832 年收攤。數學科學也有自己的系列，在後期的幾年裡，年輕的史特姆 (Charles François Sturm, 1803–1855) 擔任編輯。在其他國家中合適的期刊較少，儘管學術機構需要論文發表的媒介。可是，到目前為止所提到的出版物，都沒有一個專屬數學、甚至主要以數學為主的期刊。不過，現在有三本期刊開始專門刊登數學主題的論文。

法國大學系統尼姆 (Nîmes) 的數學教授熱貢內 (Joseph Diez Gergonne, 1771–1859) 於 1810 年創立了 *Annales de Mathématiques Pures et Appliquées*。他是為了教育用途而出版，那裡面確實包括一些具有教學啟發潛力的論文。但是，這樣的教育宗旨並未受到矚目，因此，這本刊物在很大程度上成為了非正規數學的園地。當然，貢獻最大的還是熱貢內本人。直到 1820 年代，大多數作者是像他一樣的法國省級教師。它於 1832 年終止發行，那年熱貢內被任命為蒙彼利埃大學的學術院長，[42]變得十分忙碌以至於他無法繼續發行。

同時，由克雷爾 (August Leopold Crelle, 1780–1856) 於 1826 年在柏林創立了期刊 *Journal für die reine und angewandte Mathematik*（後文簡稱《克雷爾期刊》）。[43]儘管他模仿海登堡 (C. F. Hindenberg) 的 *Magazin fur reine und angewandte Mathematik* 和熱貢內的 *Annales de Mathématiques Pures et Appliquées*，但它立即被認為是發表（內容兼顧純粹及應用兩面向的）高等數學研究成果的刊物。他出版各國數學家的論文，甚至與挪威的天才數學家阿貝爾 (Niels Henrik Abel, 1802–1829) 一起進行「出版革命」，亦即在印刷前將以法文所寫的論文翻譯成德文。此外，他也是德國菁英階級的意見領袖，[44]在他的推薦下，一些年輕數學專家和（主要）工程師的德國人能夠出國，並且普遍鼓勵研究數學。

最後，年僅二十八歲的法國數學家劉維爾 (Joseph Liouville, 1809–1882) 於 1836 年創立期刊 *Journal de Mathématiques Pures et Apploquées*（後文簡稱《劉維爾期刊》）。它由巴歇里耶 (Bachelier) 的重要出版社發行;出版社老闆的兒子與劉維爾是巴黎工藝學院的同學。此刊物標題幾乎完全模仿熱貢內所終止的系列出版物，劉維爾在他的開篇社論中提及此一淵源。但從數學層次來看，它與《克雷爾期刊》比較能夠相提並論，並且從一開始就獲得了相當的成功。因此，數學研究期刊已成為一個獨立的出版類別。

---

[42] HPM 2016 Montpellier 國際研討會就是為了紀念他，而在該大學召開。

[43] 這一本期刊目前還在發行。

[44] 創辦柏林大學的威廉・馮・洪堡德對普魯士教育制度進行改革時，特別推薦他成為科學院院士，以提高他所創立期刊之威望。

第 3 章
十九世紀數學（下）

3.1　三大數學中心：巴黎、柏林與哥廷根

3.2　柯西 vs. 外爾斯特拉斯：嚴密性與分析算術化

3.3　索菲亞・卡巴列夫斯基：哥廷根大學第一位女數學博士

3.4　非歐幾何學、複變分析、抽象代數及線性代數

3.5　集合論、數學基礎危機、公設方法

3.6　機率統計的歷史一瞥

3 十九世紀數學（下）

十八世紀的數學家已經慢慢從王公貴族贊助、科學院任職走向專業化，譬如從歐拉到拉格朗日的數學生計之所依賴，就是最好的見證。而到了十九世紀，「數學家」的形象更加接近今日在大學從事教學與研究的數學教授。為了課堂教學而做的準備，看似不起眼，卻大大影響了十九世紀的數學發展，甚至形塑了今日的數學樣貌。這一切的轉折點，法國大革命之後設立的兩所學校——巴黎工藝學院及巴黎師範學院，顯然扮演了重要的角色。

這些故事我們在第 1 章已經簡要說明。在本章中，我們希望能敘述十九世紀下半葉的幾項重大數學發展，譬如，非歐幾何學、複變分析、抽象代數、線性代數，以及集合論等等分支，就非常值得我們簡要說明。而這，當然離不開當時歐洲的三大數學中心：巴黎、柏林及哥廷根。此外，這些中心的數學領袖人物如柯西 vs. 外爾斯特拉斯在分析算術化上的對比（第 3.2 節），還有，外爾斯特拉斯的女性高徒索菲亞・卡巴列夫斯基的崎嶇生涯 （第 3.3 節）， 也是我們不該忽略的「性別悲情」篇章。

3.1 三大數學中心：巴黎、柏林與哥廷根

法國是十九世紀引領數學、科學發展的國家之一，而法國的數學中心，就在巴黎。巴黎除了巴黎工藝學院和巴黎師範學院外，還有皇家科學院 (Académie des sciences)， [1]這些機構為數學家提供了工作機

會，除了穩定的收入，還有教學、研究、相互交流或競爭的機會。因此，在當時的法國，若想要習得最新的數學成果，巴黎成為年輕學子的不二選擇。不少數學家的求學歷程或研究生涯，都和巴黎密不可分。

若依時間序，十九世紀初期的蒙日、拉格朗日、拉普拉斯在教育機構與數學課程上都有改革建樹。在數學研究上，蒙日開創了畫法幾何學（射影幾何學），為幾何學另闢蹊徑；拉格朗日、拉普拉斯連同勒讓德被稱為法國的「3L」，在分析、代數、數論、微分方程、天體力學等許多領域，都有許多突破性的成就。接下來與巴黎工藝學院和巴黎師範學院有淵源的傅立葉、卜瓦松、沙勒、柯西、伽羅瓦、史特姆、劉維爾、赫密特、伯特蘭、約當等人的現身，宏偉的研究大門因此打開。另一方面，在代數學方面，數學家除了傳統的方程式論外，也觸發抽象代數中的變換群理論。其他如矩陣理論、射影幾何學、微分幾何學、微分方程、橢圓函數、數論等等學門，也都有這些數學家的卓越貢獻，進而主導二十世紀的數學發展。

十九世紀後期至二十世紀的龐加萊、哈達馬、皮卡，在代數幾何、解析函數、微分方程、數論、矩陣、拓樸學等領域，更是國際數學界的翹楚。龐加萊更被譽為最後一個「數學通才」，在數學、數學物理、天體力學都留給後人寶貴的研究題材，以他為名的「龐加萊猜想」(Poincare conjecture)，在 2000 年被美國克雷數學研究所 (Clay

---

[1] 巴黎皇家科學院創立於 1666 年，但於 1793 年與舊制度下建立的其他科學組織一起被解散。1795 年，國民公會 (National Convention) 將包括巴黎科學院在內的所有曾被解散的文化學術團體組織在一起，成立了「國家科學與藝術學院」(Institut National des Sciences et des Arts)。1816 年，復辟的路易十八下令恢復舊制，「國家科學與藝術學院」被改組為「法蘭西學院」(Institut de France)。於是，巴黎皇家科學院就隸屬於法蘭西學院。

Mathematics Institute) 列為「千禧年大獎題」(Millennium Prize Problems)，直到西元 2006 年，才由俄羅斯的數學家佩雷爾曼 (Grigori Perelman, 1966–) 所證明。[2]龐加萊對天體力學中「**三體問題**」**(Three-body problem)** 的研究，則成為混沌理論 (Chaos theory) 的先驅。

除了巴黎，十九世紀歐洲大陸另外出現兩個數學中心，分別是柏林（柏林大學）與哥廷根（哥廷根大學）。巴黎在成為數學中心的過程當中，大學並未發揮顯著的作用，但在柏林和哥廷根，卻是以大學建制為核心。西元 1810 年，柏林大學在威廉・馮・洪堡德 (Wilhelm von Humboldt) 提倡的教育改革浪潮中創立，[3]科學研究成為柏林大學重要任務，任職教授要兼顧研究與教學。

不過，柏林大學的數學研究與教學，卻一直要等到十九世紀中葉，才有了突破性的進展，而這多虧了從巴黎回來的狄利克雷 (Peter Gustav Lejeune-Dirichlet, 1805–1859) 在柏林大學所做的奠基工作。狄利克雷年輕時代到巴黎求學，與當時的傑出學者拉普拉斯、拉克洛瓦、勒讓德、卜瓦松、比歐、傅立葉、哈切特等人有接觸，也在巴黎開啟了自己的學術研究生涯。西元 1828 年，他來到柏林並克服在柏林大學的授課資格的問題後，便在教學與研究上，逐漸帶領柏林大學走向數學（研究）中心，數學史上兩位英年早逝的數學家艾森斯坦 (Eisenstein, 1823–1852) 和黎曼，就曾分別到柏林大學任教與求學。其實，在 1829 年柏林大學有機會迎來一位才華洋溢的年輕數學家阿貝爾，只可惜阿貝爾來不及看到柏林大學同意聘任的信函，就不幸過世

---

[2] 佩雷爾曼的傳記可參考瑪莎・葛森，《消失的天才》。

[3] 為了紀念此一因緣，柏林大學目前已經易名為柏林的洪堡德大學。除了紀念威廉之外，還紀念他的弟弟亞歷山大 (Alexander)，是德國電影《丈量世界》的兩主角之一。

了！阿貝爾的去世，不僅是柏林大學的損失，更是數學界的損失！

柏林大學在西元 1855 年失去狄利克雷，他前往哥廷根大學接任高斯去世後留下的職缺，不過，他的學生庫默爾 (Ernst Kummer, 1810–1893) 接任他在柏林大學的遺缺。隔年，庫默爾成功拉攏外爾斯特拉斯 (Karl Weierstrass, 1825–1897) 到柏林大學，他們兩人再加上 1855 年來到柏林的克羅內克 (Leopold Kronecker, 1823–1891)，打造了柏林大學的數學中心地位。

庫默爾和外爾斯特拉斯兩人都曾經擔任中學教師，分別有十年與十四年的中學教學經歷，他們在柏林大學的授課大受學生喜愛，想必和這個「數學經驗」有關。庫默爾不僅授課時盡力教導學生，也很照顧、提攜學生，他在柏林大學擔任教授、院長、校長期間，提攜了不少年輕學者。外爾斯特拉斯受歡迎的程度，比起庫默爾更是有過之而無不及。雖然因健康因素，外爾斯特拉斯只能坐著講課，板書必須由學生代勞，但清楚而又扎實的授課內容，每年都吸引歐洲各地許多學生前往柏林大學上他的課。庫默爾和外爾斯特拉斯在 1861 年建立的數學討論班 (mathematics seminar)，更是德國歷史上第一個純數學的討論班。[4]至於克羅內克，雖然講課受歡迎程度比不上前兩人，但研究成果十分豐碩。

庫默爾、外爾斯特拉斯、克羅內克三人把人生最精華的時間都獻給柏林大學，不但在數論、抽象代數、分析學、函數論、方程式論上都有高水準的研究成果，透過教學與數學討論班培養出來的學生，在歐洲開枝散葉，擔任大學教授繼續培育下一代數學家，著名的有巴赫

---

[4] 這種討論班是語言學 (philology) 教授首創，主要由一位教授帶頭針對尚未解決的問題，以討論方式進行教學。

曼 (Paul Bachmann)、康托爾、哥爾丹 (Gordan)、施瓦茨 (Hermann Amandus Schwarz, 1843–1921)、富克斯 (Fuchs)、馮・曼戈爾特 (von Mangoldt)、弗羅貝尼烏斯 (Frobenius)、基靈 (Wilhelm Killing, 1847–1923)、皮爾茨 (Adolf Piltz)、柯尼希斯貝格爾 (Königsberger)、萊爾希 (Matyáš Lerch)、龍格 (Carl Runge, 1856–1927)、斯蒂克伯格 (Stickelberger)，以及女數學家卡巴列夫斯基 (Kovalevskaya) 等等。本章第 3.3 節會特別介紹這位在柏林大學受教育、卻得到哥廷根大學數學博士學位的傑出女性。在此之前，讓我們先認識哥廷根大學。

提到哥廷根大學，第一個想到的數學家非高斯莫屬。高斯雖然在數學與科學領域有許多開創性的成就，但他並不是一個熱衷教學的教授，也不是一個容易親近的人，所以，他對數學的影響主要透過研究論文、通信以及他二十一歲出版的巨著《算學講話》(1801)。雖然如此，高斯在哥廷根大學仍指導出幾位傑出數學家，如外爾斯特拉斯的老師古德曼 (Christoph Gudermann)、創立代數整數論的戴德金 (Richard Dedekind, 1831–1916)，以及在複變數函數論、非歐幾何學貢獻卓越的黎曼。或許我們可以這麼說，擁有高斯的哥廷根，像是數學的麥加聖地，雖然地位崇高，但就數學的蓬勃發展程度來說，其實比不上當時的巴黎。哥廷根大學真正成為最頂尖的數學中心，反倒是高斯去世之後的事了。

高斯去世後，繼任者正是帶領柏林大學走向數學中心建制的狄利克雷，雖然狄利克雷在哥廷根的時間很短暫，但大力幫助了黎曼，改善黎曼的生活條件，讓他得以全心投入數學研究。1859 年狄利克雷離世後，正是黎曼接下了他的位子。哥廷根大學在黎曼的帶領下，本來有機會與庫默爾、外爾斯特拉斯、克羅內克帶領的柏林大學相互爭輝，可惜，黎曼因健康因素花了不少時間在義大利養病，1866 年黎曼病逝於義大利，得年僅三十九歲。

西元 1886 年，也就是黎曼死後的二十年，克萊因 (Felix Klein) 接受了哥廷根大學的教職，正式帶領哥廷根大學成為世界重要的數學中心，而這過程還有一個關鍵人物，就是 1895 年接受克萊因邀請來到哥廷根的希爾伯特 (David Hilbert)。克萊因最重要的數學研究成果在來到哥廷根之前就完成了，在 1913 年從哥廷根退休之前，克萊因除了教學、提攜年輕學者之外，致力提升學術期刊《數學年鑑》(*Mathematische Annalen*) 的水準，[5]並積極參與許多組織與活動，對數學教育改革提出建言，成為一個在許多方面都有影響力的學者。至於希爾伯特，則是來到哥廷根之後，奉獻了他的人生，也是數學研究的最輝煌的歲月，不僅做出豐碩而深刻的研究成果，也培育了許多傑出的數學家。希爾伯特的數學與學生，引領下一世紀上半葉的數學風潮。

克萊因在哥廷根教學的身體力行，還包括他所參與的數學教育改革活動。西元 1908 年，他參加在羅馬舉行的國際數學家會議（International Congress of Mathematicians，簡稱 ICM），被該會任命為數學教育委員會的主席。這個委員會就是目前國際數學教學委員會（International Commission of Mathematical Instruction，簡稱 ICMI）的前身。雖然這有賴於最早倡議國際化的數學教育期刊 *L'Enseignment Mathematique*（1899 年創於日內瓦）成員的推動，[6]然而，克萊因的以身作則，卻是為數學家的社會關懷樹立了不朽的典範。事實上，早在 1895 年，他提議在哥廷根召開「數學和自然科學教育促進協會」，

[5] 這本期刊目前還持續發行。在二次大戰前，它一直是國際數學界的頂尖學報。

[6] 參考 Furinghetti, "Mathematical Instruction in an International Perspective: The Contribution of the Journal *L'Enseignment Mathematique*"。

1898 年創立「哥廷根協會」，並開辦教師講習班，他的講義就是現在還風行不衰的《高觀點下的初等數學》(*Elementary Mathematics from an Advanced Standpoint*)。甚至他還撰寫《十九世紀的數學發展》(*Development of Mathematics in the 19th Century*，德文版 1928 年出版)，藉以強調數學史之於數學教學之不可或缺：

> 歷史之於教學，不僅在名師大家之遺言軼事，足生後學高山仰止之思，收聞風興起之效。更可指示基本概念之有機發展情形，與夫心理及邏輯程序，如何得以融合調劑，不至相背，反可相成，誠為教師最宜體會之一事也。[7]

還有，他在西元 1905 年為中學數學教育改革所公布的「數學教學要目」，今日讀來仍然鏗鏘有力：

- 教材的選擇與排列，必須適應學生心理的自然發展。
- 融合數學的各個分支，並與其他學科加強關係。
- 不過份強調形式的訓練，實用方面也應列為重點，以便充分發展學生對自然界和人類社會諸現象，能夠進行數學觀察的能力。
- 為達到此等目的，應將養成函數思想和空間觀察能力作為數學教學的基礎。[8]

---

[7] 引洪萬生，〈數學史與數學教育〉，《從李約瑟出發》，頁 12–21。原出自余介石、倪可權，《數之意義》。

[8] 引同上。

西元 1900 年，希爾伯特在巴黎舉行的第二屆國際數學家大會演講中，提出 23 個數學問題，成為新世紀數學發展的一個重要指標。（參考第 4.5 節）目前，這個大會因四年舉辦一次並同時公布頒贈費爾茲獎 (Fields medal) 而廣受數學界矚目。[9]不過，芬蘭（學派）複變大師阿弗斯 (Lars Ahlfors) 回憶他在 1936 年榮獲此獎項的首度頒發時，並沒有今日的「傳媒焦點」，他是一直到開會前才被告知獲獎。在第二次大戰期間，他為了逃避納粹對猶太人的迫害時，由於財產已被沒收，只好將他的獎牌典當，才得以購買火車票順利逃出芬蘭。[10]

3.2 柯西 vs. 外爾斯特拉斯：嚴密性與分析算術化

微積分在牛頓、萊布尼茲之後，經過十八世紀白努利家族、歐拉等人的努力後，已應用到數學、科學的許多領域，成為數學中至為重要的工具。利用微分、積分解決問題的學問，被稱為分析學。到了十九世紀，傅立葉分析、複變數函數論、微分幾何、微分方程等等，都讓分析學內容更加充實多樣。就在分析學蓬勃發展的時候，陸續出現的錯誤例子顯露了分析學的欠缺嚴密，數學家們開始反思分析學的基礎究竟為何？該如何為這門強而有力的學問奠定堅實的基礎？而結果就是分析學的算術化。這過程中許多數學家都做出了不可磨滅的貢獻，例如庫尼亞 (Cunha)、拉格朗日、拉克洛瓦、布爾札諾、柯西、狄利克雷、阿貝爾、黎曼、外爾斯特拉斯、戴德金、康托爾等，其中，柯西和外爾斯特拉斯扮演至為關鍵的角色。

---

[9] 名單可以參考 https://zh.m.wikipedia.org/zh-tw/菲爾茲獎。

[10] 參考洪萬生，〈典型在夙昔：複變大師 Lars V. Ahlfors〉。

柯西於 1805–1807 年間在巴黎工藝學院求學，畢業後進入巴黎路橋學院接受訓練成為一名工程師。柯西的工程師生涯是短暫且不愉快的，因為他喜愛的是數學研究工作，在繁重的工程師工作之餘，他仍持續研究數學並提交論文。在拉格朗日與拉普拉斯的鼓勵及幫助之下，柯西輾轉回到巴黎工藝學院任教。或許正是為了教學，讓分析學正確、清楚地教給學生，柯西踏上了建立分析學嚴密性之路。

在第 2.3 節曾提及，巴黎工藝學院的教師會為了上課學生而編寫教材，最有名的例子，就是柯西求學時的老師拉克洛瓦。拉克洛瓦在其暢銷書《微分學與積分學導論》中，很特別地將極限概念置於微分之前，[11]可惜，他並沒有意識到極限概念在分析學中的基礎地位，因此，未曾深入著墨。雖然沒有明確的證據顯示，柯西追求分析學的嚴密性是受到了拉克洛瓦的影響，但柯西的確承襲為學生編寫適宜教材的傳統。他為工藝學院學生第一年課程而寫的教材《分析教程》(*Cours d'analysis*) 與《無窮小計算教程概論》(*Résumé des leçons sur le calcul infinitésimal*)，分別在 1821、1823 年出版。在《分析教程》中，柯西就先給出了極限的定義：

> 當同一變量逐次所取的值無限趨向於一個固定的值，最終使它的值與該定值的差要多小就多小，那麼，最後這定值就稱為所有其他值的極限。例如，一個無理數是數值越來越趨近於它的不同分數的極限。在幾何中，一個圓周是其邊數不斷增加的內接多邊形周邊所收斂的極限，等等。[12]

---

[11] 參考前文第 1.6 節。

[12] 引李文林主編，《數學珍寶》，頁 664。

隨後，他還定義了何謂無窮小量（或無限小量）：

> 當同一變量逐次所取的絕對值無限減小，以致比任意給定的數還要小，這個變量就是所謂的無限小或無限小量，這樣的變量將以 0 為極限。[13]

有了這兩者，柯西就能夠將前人含混其詞的函數連續性與級數收斂性，給說清楚、講明白。而在《無窮小計算教程概論》中，柯西接續定義函數的導數與微分，然後，用極限與連續，而非反導函數，給了定積分嚴謹的定義，這是柯西在微積分上另一個很重要的貢獻。黎曼後來就是在這個基礎上，完成了今日所稱的「黎曼積分」。基本上，柯西在《分析教程》與《無窮小計算教程概論》中的定義，除了仍仰賴無窮小量之外，其基本概念與今日相去不遠，這已經為分析學的嚴密性搭建了一個堅固可用的框架，剩下來的收拾善後，就留待後人去完成。

現在以中間值定理、微積分基本定理的證明為例，來說明柯西的邏輯嚴密程度。請注意：柯西一概不使用圖形！因為他及許多數學家都認為嚴密性不該依賴幾何直覺。在這個關連中，柯西首先定義定積分 (definite integral)，然後，再依序證明微積分基本定理，以及中間值定理 (intermediate value theorem)。[14]這些都取自《無窮小計算教程概論》。在

---

[13] 引同上。

[14] 布爾札諾在 1817 年所撰寫的一本小冊子名為「下列定理的純分析之證明：在每兩個使得函數取相反值的自變量值之間，至少存在該函數的一個實根」，引 Russ, "A Translation of Bolzano's Paper on the Intermediate Value Theorem"。布爾札諾的傳記可參考 https://mathshistory.st-andrews.ac.uk/Biographies/Bolzano/，或劉柏宏，〈布爾札諾：俠行於無限世界的唐吉訶德〉。

此引述的部分內容，主要根據數學家李文林主編的《數學珍寶》。

柯西定義定積分如下：給定一個在 $[x_0, X]$ 內連續的函數 $f(x)$，柯西引進比原有 x_r 更精細的分割 (partition)，造出如下的一個（總）和：

$$S=\sum_{r=1}^{n} f(x_{r-1})(x_r-x_{r-1})$$

其中，$x_n = X$。柯西發現：「S 將依賴於：第一、差 $X-x_0$ 被分成的元素〔按：亦即我們今日的分割〕個數 n；第二、這些元素的數值，從而也就依賴於所採用的劃分方法。」同時，「如果這些元素的值變得非常小而數 n 變得非常大，那麼，劃分方法對 S 的值沒有實值性影響。這一點可具體證明如下。」有關這一點，他的具體證明也可簡要重述如下：「當差 $X-x_0$ 的元素變為無限小時，劃分方法對 S 的值的影響無足輕重；這樣，如果我們讓這些元素的數值隨著它們個數的無限增加而無限減小，那麼就一切的實用目的而言，S 的值最終將變為常數。或者說，它最終將達到一個確定的極限，而這個極限僅依賴於函數 $f(x)$ 的形式和變量 x 的邊界值 x_0 和 X。這個極限就叫做定積分。」[15]

根據這個「冗長的」定義，我們得知柯西除了運用極限來定義導數之外，也運用極限來定義積分。[16]這個進路當然就區隔他與十八世紀歐拉的差異。為了進行對比，我們引述歐拉的積分「定義」如下：

積分學 (integral calculus) 是根據某函數的一個給定微分量

[15] 引李文林主編，《數學珍寶》，頁 667–668。

[16] 此一定義當然有其限制。比如說，連續條件就過度嚴格等等。

> (differential) 來找到其函數本身的一種方法；而產生這個結果的運算，通常被稱之為積分 (integration)。[17]

顯然，對歐拉來說，積分在概念層次上缺乏獨立地位，它依賴甚至屈從於微分。而這，當然不是柯西所能同意，經過他的努力，積分學終於站到舞臺的中心位置，並且在二十世紀早期隨著測度論 (measure theory) 發光發熱。同時，也由於積分函數本身受到關注，因此，「病態」函數層出不窮，對於二十世紀的實變函數論之研究，也帶來深遠的影響。（參考後文第 4.4 節）

現在，我們簡要引述柯西證明微積分基本定理。他首先令 (*)$F(x)=\int_{x_0}^{x} f(x)dx$，再利用公式 $\int_{x_0}^{x} f(x)dx=(X-x_0)f[x_0+\theta(X-x_0)]$（積分版的均值定理），可推得 $F(x)=(x-x_0)f[x_0+\theta(x-x_0)],\ F(x_0)=0$，其中 θ 是小於 1 的非負整數。同理由公式 $\int_{x_0}^{X} f(x)dx=\int_{x_0}^{\xi} f(x)dx+\int_{\xi}^{X} f(x)dx$（此處 $x_0\leq\xi\leq X$）可推得

$$\int_{x_0}^{x+\alpha} f(x)dx-\int_{x_0}^{x} f(x)dx=\int_{x}^{x+\alpha} f(x)dx=\alpha f(x+\theta\alpha)$$

或者

$$F(x+\alpha)-F(x)=\alpha f(x+\theta\alpha)$$

[17] 引 Dunham, *The Calculus Gallery*, p. 86。

如果上式兩邊除以 α，則通過取極限，我們可以得到

$$F'(x) = f(x)$$

「這樣，積分 (*) 作為 x 的函數將以積分號 $\int$ 下的函數 $f(x)$ 為其導函數。」[18]

有關柯西的分析學研究，我們在此最後簡介他的中間值定理之證明。給定一個在 $[x_0, X]$ 內連續的函數 $f(x)$。若 $f(x_0) < 0, f(X) > 0$，則在 x_0 與 X 之間至少有一點使得此函數值為 0。柯西的證明進路與我們現在所熟悉的並無不同。首先，他令 $h = X - x_0$，並取一個正整數 $m > 1$。然後，他將區間 $[x_0, X]$ 分成 m 個等長的子區間，其分點依序為 $x_0 + \frac{h}{m}, x_0 + \frac{2h}{m}, \cdots, X - \frac{h}{m}$。現在考慮其關連的函數值（含區間 $[x_0, X]$ 的兩端點）：$f(x_0), f(x_0 + \frac{h}{m}), f(x_0 + \frac{2h}{m}), \cdots, f(X - \frac{h}{m}), f(X)$。由於第一個為負，最後一個為正，因此，當我們從左到右推進時，一定有一對相鄰的函數值之記號相反。更精確地說，對某個正整數 n 來說，我們有下列不等式成立：$f(x_0 + \frac{nh}{m}) \leq 0$，但 $f(x_0 + \frac{(n+1)h}{m}) \geq 0$。我們遵用柯西的記號，將這兩個相鄰的分點依序記做 $x_0 + \frac{nh}{m} \equiv x_1$, $x_0 + \frac{(n+1)h}{m} \equiv X_1$。顯然，$x_0 \leq x_1 < X_1 \leq X$，而且區間 $[x_1, X_1]$ 的區間長等於 $\frac{h}{m}$。在較短的區間 $[x_1, X_1]$ 重複此一步驟，亦即也將它分成 m 個

---

[18] 引李文林主編，《數學珍寶》，頁 668–669。

等長的子區間，每一個的長度為 $\frac{h}{m^2}$，並且考慮下列函數值：$f(x_1)$, $f(x_1+\frac{h}{m^2})$, $f(x_0+\frac{2h}{m^2})$, $\cdots$, $f(X_1-\frac{h}{m^2})$, $f(X_1)$。由於上述 $f(x_1)$ 與 $f(X_1)$ 正負相反，仿上述推論，必定有相鄰點 x_2, X_2 使得距離有 $\frac{h}{m^2}$，而且 $f(x_2)\le 0, f(X_2)\ge 0$。目前我們所推論的分點可依序排列如下：

$$x_0\le x_1\le x_2<X_2\le X_1\le X$$

熟悉相關證明二等分法 (bisection) 的讀者想必了然於胸吧。

依此類推，柯西造出一個未遞降 (nondecreasing) 的數列 $x_0\le x_1\le x_2\le x_3\le\cdots$，一個未遞升 (nonincreasing) 的數列 $\cdots X_3\le X_2\le X_1\le X$，其中，對同一個下標序號 k 來說，$f(x_k)\le 0, f(X_k)\ge 0$，而且 $X_k-x_k=\frac{h}{m^k}$。因此，柯西推得：對遞增的 k 來說，X_k 與 x_k 的空格顯然會遞減到 0，從而這兩個數列會收斂到同一個極限點 a。換言之，有一個 a 點存在使得 $\lim_{k\to\infty}x_k\equiv a\equiv\lim_{k\to\infty}X_k$。[19]

在我們將故事線轉移到柏林學派的外爾斯特拉斯之前，還有必要引述數學史家葛雷比納 (Judith Grabiner) 對柯西的評價。她是柯西研究的權威，因此，她有關柯西證明中間值定理的進路之考察，就非常值得我們注意：

雖然證明的機制非常簡單，但是，證明的基本觀念卻是充滿

---

[19] 改寫自 Dunham, *The Calculus Gallery*, pp. 81–82。

> 了革命性。柯西將〔分析學中的〕逼近技巧轉換成為完全不同的東西：極限存在的一種證明！[20]

葛雷比納還注意到：正如上文所參引提及，或者數學文獻編輯（如《數學珍寶》）所呈現，柯西在他的分析學研究之中，

> 將（下列）三種元素兜攏在一起：分析學的主要結果，絕大部分他現在已能證明；襲自代數學（尤其是代數逼近法）與分析學的一些意涵豐富的概念與技巧；以及古希臘幾何學的嚴密與證明結構。[21]

最後，柯西將所有這些淬練成為一門嶄新的數學理論——分析學。此外，由於分析學的嚴密化似乎都離不開教學脈絡，因此，我們最後還是要引述數學史家葛羅頓－吉尼斯對《無窮小計算教程概論》十分「在脈絡」的考察，來強調「教學」這個因素在數學專業化中始終不容忽視。《無窮小計算教程概論》有四十講 (lectures)，微分與積分內容各半，其教材如定義、定理都被安排成為一種嚴格的邏輯順序，至於同一記號也始終代表同一概念或指涉。不過，葛羅頓－吉尼斯領會到更多的「弦外之音」：

> 對我來說，他（柯西）的數學經常展現他的個人風格——也就是說，不僅在數學上渴求秩序與系統，在讓他發光發熱的

---

[20] 引 Dunham, *The Calculus Gallery*, p. 83。

[21] 引 Fauvel & Gray eds., *The History of Mathematics: A Reader*, pp. 571–572。

> 波旁天主教法蘭西的政治與宗教生活中，也是如此。現在，《無窮小計算教程概論》的原始印刷版本也透露了如下風貌。這四十講的每一講都以四頁來印刷，或許是方便印製逐講發給學生使用。不過，更值得注意的是，每一講都恰好在最後一頁的最底行結束。[22]

徹底將分析學從無窮小量的桎梏中解脫的，則是外爾斯特拉斯。外爾斯特拉斯早年順從父親希望他成為公職人員的安排，於 1834 年進入波恩大學 (University of Bonn) 學習法律、金融與經濟，但這不是外爾斯特拉斯想走的路，所以，他在大學過了一段荒唐的時光。雖然大學時期虛度了許多光陰，但外爾斯特拉斯仍無法忘情數學，自學拉普拉斯、雅可比 (Carl Gustav Jacob Jacobi, 1804–1851) 的著作，還有古德曼（高斯的學生）的演講稿，在大學第四年決定違逆父親的心意而成為數學家。或許正因為如此，外爾斯特拉斯沒有拿到學位就離開波恩大學，1839 年前往明斯特學院 (the Academy in Münster) 跟古德曼學習橢圓函數理論，同時，在古德曼的鼓勵下，走上數學研究之路。

從離開明斯特學院到應聘柏林大學這十四年間，外爾斯特拉斯在一個中學擔任數學教師，除了數學外，他還不得不教授許許多多其他科目。直到 1854 年，在克雷爾創辦的《純粹與應用數學雜誌》(*Journal für die reine und angewandte Mathematik*) 發表一篇關於阿貝爾函數的論文，外爾斯特拉斯才「翻轉」了他自己的人生。同年，哥尼斯堡大學 (University of Königsberg) 授予外爾斯特拉斯榮譽博士學位，兩年後在庫默爾的運作下，外爾斯特拉斯進入柏林大學任教。

---

[22] 引 Grattan-Guinness, *Routes of Learning*, p. 221。

雖然外爾斯特拉斯認為他那十四年的中學教師生涯，是一段沉悶且無趣的悲慘歲月，但這期間累積的教學經驗，對他能成為柏林大學最受歡迎的教師之一，反而打下不可或缺的基礎。不同於其他數學家是透過發表研究成果，來提升自己的學術地位，外爾斯特拉斯則是主要透過授課，經由學生把他的想法傳播到數學界，進而來影響數學的發展。外爾斯特拉斯開始準備在柏林大學的授課時，發現分析學的基礎仍有許多缺陷，柯西雖然提供了一套架構，但仍不夠嚴謹，而且，柯西提出的某些「定理」是有問題的，例如說吧，柯西認為連續函數的收斂級數必定也是連續函數。不過，西元 1826 年，阿貝爾就以 $\sin x - \frac{1}{2}\sin 2x + \frac{1}{3}\sin 3x - \cdots$ 在 $x = (2m+1)\pi,\ m \in Z$ 為不連續函數之事實，指正柯西未能區分連續 (continuous) 與均勻連續 (uniformly continuous) 的錯誤。外爾斯特拉斯認為柯西為分析嚴密性所提供的算術語言，仍有所不足，必須有所改進。

現在，且讓我們將柯西與外爾斯特拉斯對連續函數的定義，並列在一起進行比較。第一個定義出自柯西的《分析教程》，第二個則來自外爾斯特拉斯授課筆記：

> 設 $f(x)$ 是變量 x 的函數，並設對介於兩給定限之間的每一個 x 值，該函數總有一個唯一的有限值。如果在這兩給定限之間有一個 x 值，當變量 x 獲得一個無限小增量 α，函數本身將增加一個差量 $f(x+\alpha)-f(x)$，這個差同時依賴於新變量 α 和原變量 x 的值。然後，如果對變量 x 在兩給定限之間的每一個中間值，差 $f(x+\alpha)-f(x)$ 的絕對值都隨 α 的無限減小而無限減小，那麼就說函數 $f(x)$ 是變量 x 在這兩給定

> 限之間的一個連續函數。[23]

> 如果 $f(x)$ 是 x 的函數且 x 是一確定的值，則若 x 變至 $x+h$，函數就會變至 $f(x+h)$；差 $f(x+h)-f(x)$ 稱為該函數由自變量從 x 到 $x+h$ 的改變所產生的改變量。現在如果能對 h 確定一個界限 δ，使其絕對值小於 δ 的所有 h 值，$f(x+h)-f(x)$ 變得小於無論怎樣小的任一量 ε，則稱自變量的無窮小改變對應出函數的無窮小改變。因為如果一個量的絕對值能變得小於任意選取的無論怎樣小的量，則我們說它能變為無窮小。現在如果一個函數對自變量的無窮小改變，總能映出此函數的無窮小改變，則稱它為此自變量的連續函數，或稱它隨同此自變量連續地改變。[24]

我們試著利用現代符號「翻譯」外爾斯特拉斯的極限概念，他定義 $\lim_{x \to a} f(x) = L$ 如下：

> 給定任意 ε，如果有一個 η_0 使得對 $0<\eta<\eta_0$，$f(a\pm\eta)-L$ 的絕對值小於 ε，則 L 是函數 $f(x)$ 在 $x=a$ 的極限。[25]

由此可見，外爾斯特拉斯已經發展 $\varepsilon-\delta$ 語言作為講授分析課程的工

---

[23] 引李文林主編《數學珍寶》，頁 664。

[24] 引同上，頁 683–684。

[25] 引 Boyer, *A History of Mathematics*, p. 608。

具（在此他運用的符號是 $\varepsilon - \eta_0$），雖然上述引文仍出現「無窮小」，但「無窮小」只是形容詞，不是名詞，「數的鬼魂」已被 $\varepsilon - \delta$ 語言驅除。外爾斯特拉斯成功透過 $\varepsilon - \delta$ 語言將分析的嚴密性建立在算術的基礎上，[26]如此一來，他批評柯西的「無限地趨近」、「要多小就有多小」等帶有「運動量」的說法，還是訴諸幾何直觀，就完全可以站得住腳。此外，他不僅解決柯西在函數連續與均勻連續上的定義之不足，也區分連續函數與可微分函數的不同，西元 1872 年，他給出數學史上著名的處處不可微的連續函數：

$$f(x) = \sum_{n=0}^{\infty} a^n \cos(b^n \pi x)\text{，其中 } 0 < a < 1\text{、}b\text{ 是奇數且 } ab > 1 + \frac{3}{2}\pi$$

同樣在西元 1872 年，戴德金發表他於 1758 年所寫的《連續性和無理數》(*Stetigkeit and irrationale Zahlen*)，為分析的算術化補上另一片欠缺的拼圖——實數的算術定義。戴德金、康托爾以及其他數學家在實數完備性的成果，留待第 3.5 節再談。

在外爾斯特拉斯八十歲生日時，克萊因特別表彰他在分析算術化上的貢獻，貼切地反映外爾斯特拉斯的成就。外爾斯特拉斯在數學上的成就，還有培養出許多傑出的下一代數學家，其中非常特別的一位，就是下一節的主角——索菲亞・卡巴列夫斯基。

---

[26] 事實上，外爾斯特拉斯的這個定義之現代版，就只使用到邏輯量詞 (quantifier)、連詞 (connective)，以及算術不等式。數學家鄧漢 (William Dunham) 很有洞識地指出：不同於之前的分析學研究之前輩如歐拉（始終離不開「等式」），外爾斯特拉斯開始使用「不等式」！

 3.3 索菲亞·卡巴列夫斯基：哥廷根大學第一位女數學博士

索菲亞・卡巴列夫斯基 (Sofia Kovalevskaya, 1850–1891) 的父親卡魯卡夫斯基是俄國的一位將軍，在索菲亞小時候就退休了，帶著全家人遠離莫斯科，在靠近今日立陶宛的私人莊園過著舒適的生活。[27] 索菲亞小時候就對數學特別感興趣，伯父彼得 (Pyotr) 也喜歡跟她分享數學知識，例如化圓為方、漸近線；另外，她房間的牆壁上有段時間是用微積分書頁來充當短缺的壁紙，她雖然看不懂紙上寫些什麼，但仍然花很多時間像解謎般探索不同頁面之間的關係，這過程讓她把許多公式都記在腦海中，雖然不懂公式在講什麼，但她就是記了下來。索菲亞正式學習數學，是跟著家庭教師學習，從算術到代數和幾何。由於索菲亞十分熱衷學習數學，甚至忽略其他的學習項目，導致她的父親停止她的數學課，但她仍不死心，私下借了一本代數的書在晚上家人睡著後偷偷地讀著。索菲亞追求數學的決心，從小時候就展露無遺。

索菲亞的數學天賦，被住在附近的海軍學院物理學教授蒂爾托夫 (Tyrtov) 發現，蒂爾托夫花了不少時間才說服索菲亞的父親同意，讓索菲亞繼續學習數學，並推薦索菲亞到聖彼得堡去參加史特龍留斯基

---

[27] Sofia Kovalevskaya 原名為 Sofia Vasilievna Krukovsky，這是來自她父親的姓名 Korvin-Krukovsky。她經常被稱之為 Sophie 或 Sonya，前一個是 Sofia 的英文版，後一個則是她成年之後，朋友習慣叫她的名字。至於 Kovalevskaya 則是她丈夫姓氏 Kovalevsky 的女性版，也經常被翻譯成 Kovalevskaia 以及較不常見的 Kovalevskaja。她也常自稱是 Sonya Kovalevsky，使用她的姓氏之男性版，正如在 Osen 的《女數學家列傳》所採用。不過，在本書中，我們將採用 Sofia Kovalevskaya。參考 https://mathshistory.st-andrews.ac.uk/Biographies/Kovalevskaya/。

(Strannoliubskii) 的私人數學課程，史特龍留斯基曾經是蒂爾托夫的學生。在聖彼得堡的數學學習並不能滿足索菲亞，而當時的俄國大學不開放女性入學，索菲亞若想要繼續追求心愛的數學，只有前往他國，然而，這對未婚的她是不可能的。索菲亞的姐姐跟一些激進派的大學生有一些來往，這給她一線希望，所以，她後來就跟莫斯科大學古生物學的學生維拉第米爾・卡巴列夫斯基 (Vladimir Kovalevsky) 假結婚 (fictitious marriage)，[28]如此一來，她姐姐也可以一起出國就學。然後，西元 1869 年春天，二姐妹與維拉第米爾一起前往海德堡。

到了海德堡大學，雖然索菲亞仍然不能註冊成為學生，但可以旁聽課程。索菲亞傑出的數學才能，很快就吸引到教授們的注意，特別是數學教授柯尼希斯貝格爾 (Leo Konigsberger)。柯尼希斯貝格爾畢業於柏林大學，是外爾斯特拉斯的學生，他建議索菲亞到柏林大學跟外爾斯特拉斯學習。1871 年，索菲亞搬到了柏林，見到了外爾斯特拉斯。外爾斯特拉斯十分受學生歡迎，每年都有許多學生從歐洲各地來聽他上課、尋求指導，對外爾斯特拉斯來說，索菲亞只是每年來找他的眾多學生之一，唯一不同的地方是性別。外爾斯特拉斯給了索菲亞一些題目，不簡單的題目，或許是要讓索菲亞知難而退，但索菲亞花不到一個禮拜的時間就解出來了，而且方法讓外爾斯特拉斯驚艷。[29]外爾斯特拉斯看到了索菲亞的數學潛力，決定好好栽培她，幫她爭取註冊為柏林大學的學生。最後雖然沒有成功，但外爾斯特拉斯仍然讓索菲亞私下跟著他學習。索菲亞從聖彼得堡到海德堡，再到柏林，都

---

[28] 參考 Koblitz, *A Convergence of Lives*, pp. 55–79，討論「假婚姻」的專章：第 3 章。

[29] 這一段情節在孟若的（數學小說）《太多幸福》中，有非常豐富的文學想像，發人深省，非常值得參閱。

因為性別而無法正式在大學就讀，但她不放棄數學，終於在柏林大學遇到可以指導她走上數學研究之路的老師。

到了西元 1874 年春天，在外爾斯特拉斯的指導下，索菲亞已經完成三篇論文，每一篇都足以當成她的博士論文，但她仍無法取得柏林大學的學生身分，也拿不到柏林大學的博士學位。即便 1873 年外爾斯特拉斯擔任柏林大學校長，大學內的保守勢力仍不同意索菲亞可以獲得學位。外爾斯特拉斯只好將目光轉向較為開放的哥廷根大學，在他的努力之下，於 1874 年，哥廷根大學同意授予索菲亞博士學位，而也在外爾斯特拉斯等人的保證下，索菲亞不需要口試就可以獲得學位，成為哥廷根大學第一位女數學博士。哥廷根大學的開放與通融，讓這所學校在數學史上又記上一筆。不過，我們也不能過度推崇哥廷根大學，畢竟艾咪・涅特 (Emmy Noether, 1882–1935) 在二十世紀可是花了很大的力氣，而且還是在希爾伯特的大力協助下，才能克服性別的歧視，成為哥廷根大學的教師（詳見第 4.2 節）。

索菲亞獲得博士學位後，隨著也獲得博士學位的名義上丈夫回到了莫斯科，她的丈夫在莫斯科大學找到了教職工作，但沒有學校願意聘用索菲亞，為了生活，她真正成為人妻，也在 1878 年成為母親，生下一名女兒。這期間，索菲亞憑著她另外一項天賦——文學，在莫斯科知識圈左右逢源，不僅替報紙寫文章、詩歌、戲劇評論，還完成了一部短篇小說。後來因丈夫投資失敗，索菲亞必須謀求另外的生計來源，她尋求外爾斯特拉斯的協助，並逐漸回到數學圈。1883 年，瑞典友人米塔格－列弗勒 (Mittag-Leffler, 1846–1927) 幫她在斯德哥爾摩大學爭取到授課的機會，雖然第一年無法支領薪水，必須靠米塔格－列弗勒的資助，索菲亞還是同意前往任職。從 1884 年開始在斯德哥爾摩大學開授微分方程課程，由於學生反應很好，同年 6 月，斯德哥爾

摩大學給了索菲亞五年的教學合約。至此，索菲亞終於可以好好在學術界大展長才，不僅成為期刊《數學學報》(*Acta Mathematica*) 的編輯，1886 年對剛體研究問題獲得法國科學院的首獎，接續的研究工作讓她在 1889 年獲得瑞典科學院獎，也終於獲得斯德哥爾摩大學的長期聘書。同年，在柴比雪夫 (Pafnuty Lvovich Chebyshev, 1821–1894) 的協助之下，更成為俄國科學院第一位女性通訊院士。索菲亞逐漸嶄露頭角後，跟巴黎和柏林的數學家保持聯絡，包括和外爾斯特拉斯有許多通信，她也常常往來巴黎與斯德哥爾摩之間。1891 年從巴黎返回斯德哥爾摩的路上，染上流感，回到斯德哥爾摩後死於併發的肺炎，在人生顛峰驟然殞落，享年四十一歲。

索菲亞終其一生，勇敢對抗傳統對女性角色的束縛，特別是在學習數學、科學的限制。為了追求數學，即便父親禁止她、大學拒絕她成為正式學生，她都不屈不撓地克服困難，最終遇到願意全力相助的老師外爾斯特拉斯，讓她成為數學博士、並進入數學研究圈。然而，就算她成了大學教師，仍是有人對她的女性身分說三道四；就算她獲得法國科學院首獎，仍有人因為她的女性身分造謠生事。十九世紀末，數學界對女性的歧視，在索菲亞身上歷歷可見。或許，索菲亞若能活久一點，或可以改善女性在數學界的地位，但這很可能是過於樂觀的猜想，下一世紀的傑出女數學家涅特（參閱第 4.2 節），其奮鬥過程再次向後人展示了數學界對女性的敵視與歧視。

3.4 非歐幾何學、複變分析、抽象代數及線性代數

3.4.1 非歐幾何學

十九世紀的數學，在許多領域中都有重大的發展，也開創了新的

數學分支，例如本節介紹的非歐幾何、複變分析、抽象代數及線性代數。先談幾何學。歐幾里得《幾何原本》中給出了五個設準（設準的意義請見《數之軌跡 I：古代的數學文明》第 3.4 節）：

設準 1：從任何一點到任何一點可畫一直線。
設準 2：一條有限直線可以持續地延長。
設準 3：以任意點為圓心及任意距離可以畫圓。
設準 4：且凡直角都相等。
設準 5：如果一條直線與另兩條直線相交，若同一側的兩個內角和小於兩直角，則這兩條直線不斷延長後 (if produced indefinitely)，會在內角小於兩直角的那一側相交。

可以看出，設準 5 不僅敘述不若前四個設準簡潔直接，歐幾里得本人更是在一直等到《幾何原本》第 I 冊的第 29 個命題證明時，才使用到這個設準，似乎有意盡可能避免使用它。設準 5 的特殊性，猶如芒刺在背般地困擾著一千多年來的數學家，許多人想盡辦法要證明設準 5 只是一個定理，可以從其他設準、定理推導得到，但是都失敗了。設準 5 也逐漸演變成為以蘇格蘭人普羅菲爾為名的 「**普羅菲爾設準**」**(Playfair's Postulate)**，也就是今日俗稱的「平行設準」:「過直線外一點，恰有一直線與給定的直線平行 。」 十八世紀初義大利薩開里 (Saccheri) 有了突破性的成果，在 1733 年出版的《被證明清白的歐幾里得》(*Euclides Vindicatus*) 中，他利用反證法欲證明設準 5，在「過線外一點可以找到不只一條直線與已知直線平行」這一假設上，他得出了許多有趣且沒有矛盾的成果。從今日的後見之明看來，薩開里似

乎就要開啟非歐幾何的大門了，不過，薩開里對歐氏幾何深信不疑，完全沒意識到可能有另外不同的幾何學體系，只好很勉強地說某個結果會導致「矛盾」，由此錯誤「證明」了設準 5。十八世紀下半的朗伯研究指出另一種幾何體系存在的可能性，但對歐幾里得幾何學如同真理般的信服，抑或是擔心發表後可能遭受到的抨擊，讓他從未發表自己的著作《平行線理論》(*Theorie der Parallellinien*)。

到了十九世紀，高斯、羅巴秋夫斯基 (Lobachevsky) 和波里耶 (János Bólyai) 採用了薩開里的方法，成功提出不同於歐氏幾何的體系，開創非歐幾何研究領域。高斯是這 4 人中最早意識到存在不同幾何體系的人，但從來沒有發表，直到 1831 年得知波里耶的研究成果後，才表示自己已經做出這個結果，而且說明自己不能稱讚波里耶，因為稱讚波里耶就是稱讚自己。波里耶得知高斯的反應後，非常沮喪，因而放棄公開發表的念頭。今日，我們可以知道波里耶的成果，完全是波里耶的父親在 1832 年出版幾何學著作時，把兒子的作品放在附錄一併出版。至於俄國的羅巴秋夫斯基則在 1826 年的一場演講中，指出另一種幾何學存在的事實，三年後發表〈關於幾何的基本原理〉(*Onachalakh geometrii*) 闡述了他的新幾何學。在高斯、羅巴秋夫斯基、波里耶三人提出的幾何體系中，過直線外一點不只有一條直線與已知直線平行，且三角形的內角和也不會是 180°，而是小於 180°。這種幾何體系後來也被稱為「**雙曲幾何學**」。

雙曲幾何學傳遞給世人的訊息是，設準 5 是獨立於另外四個設準的，因為存在有與歐氏幾何學不一樣的幾何學。雙曲幾何學當然是數學史上的一個重要里程碑，然而，在當時並未引發什麼回響。部分原因是羅巴秋夫斯基、波里耶的論文並非刊登在主要的期刊，兩人在當時數學界的名氣也不夠響亮，大名鼎鼎的高斯則不願意發表。然而，更重要的原因是，就算新幾何學體系被注意到了，它是被視作一個新穎但沒什麼用途的發現／發明？還是能開啟幾何學新研究的契機？真正意識到非歐幾何學重要性的人，就是黎曼。

黎曼在 1854 年的一場公開演講裡，指出幾何學研究的新路徑。這場演講關乎到他是否能夠順利獲得哥廷根大學的教職，所以，他花了很長的時間準備，準備了三個演講題目給推薦人、也是他的指導教授高斯選擇，高斯選擇了幾何的題目。黎曼的演講論文題目是**「關於幾何基礎的假設」(*Über die Hypothesen welche der Geometrie zu Grunde liegen*)**，他引入了**「流形」(manifold)** 的概念並推廣到 n 維，也指出了另一種非歐幾何學體系。在黎曼的非歐幾何學體系中，過直線外一點不存在與已知直線平行的直線，且三角形的內角和不會是 180°，也不會小於 180°，而是大於 180°。這種幾何體系後來也被稱為「球面非歐幾何學」或「橢圓幾何學」。

基於流形概念的引進，黎曼指出了幾何學研究的新方向，數學裡可以有更一般性的幾何體系，歐氏幾何學、雙曲幾何學還是橢圓幾何學，都是這個體系的一部分。黎曼雖然打開了這扇門，但並沒有全力發展它，而他的演講論文直到去世後的 1868 年才出版。黎曼演講論文出版前，他的想法慢慢地在數學界流傳、醞釀，就在演講論文出版的同一年，義大利波隆納大學的貝爾特拉米 (Beltrami) 在〈非歐幾何解釋的嘗試〉(*Saggio di interpretazione della geometria non-euclidea*) 中，首度在三維歐氏幾何空間裡，給出了羅巴秋夫斯基幾何學的曲面模型，這表示如果認為歐氏幾何學是「真實的」(true)，那麼，羅巴秋夫斯基幾何學就不會是「虛無的」，而且，若羅巴秋夫斯基幾何學有矛盾，那表示歐氏幾何學也不例外。之後，貝爾特拉米藉由黎曼流形的概念，證明歐氏幾何學、球面幾何學（不是球面非歐幾何學）和羅巴秋夫斯

基幾何學是彼此不相矛盾的幾何體系。另外，從事物理學研究的海德堡大學赫姆霍爾茲 (Helmholtz) 與倫敦大學的克利福德 (Clifford) 先後發表相關的論文，指出非歐幾何學可以是現實世界物質空間的幾何學。於是，非歐幾何學在數學與現實世界，都「存在」了！

黎曼的演講論文發表後，在幾何學研究上最重要的數學家非克萊因莫屬。西元 1871 年，克萊因短暫任職哥廷根大學講師，發表〈論所謂非歐幾何學〉(*Über die sogenannte Nicht-Euklidische Geometrie*)，不僅建立了已知兩種非歐幾何學的模型 (model)，並分別稱之為雙曲幾何學與橢圓幾何學，還指出存在另外不同的橢圓幾何學。這篇論文最重要的成果就是，克萊因把歐氏幾何學、非歐幾何學統統納入射影幾何學之中，這些幾何學都可以用純射影的方法構造出來。換言之，非歐幾何學已經可以和歐氏幾何學平起平坐了。西元 1872 年，克萊因被聘到埃爾朗根大學，提出著名的「埃爾朗根綱領」(Erlangen Program)，從變換群的觀點來看幾何學研究，至於其目的，當然是聚焦在變換群的「不變量」(invariant) 上。經過幾年的努力，無論是歐氏幾何學、非歐幾何學、微分幾何學，在群論觀點下有了一致性的解釋，開創了結合幾何學與抽象代數研究的全新領域。直到十九世紀末，希爾伯特把幾何學公設化，提出「**絕對幾何學**」**(absolute geometry)**，這留待第 3.5 節再說。[30]

3.4.2 複變分析

非歐幾何學在十九世紀經歷被懷疑「**真實性**」**(truthfulness)** 的曲

---

[30] 數學小說《爺爺的證明題》對於非歐幾何的發展及其對吾人有關數學真理 (mathematical truth) 的觀念之衝擊，提供了深刻洞識的敘事想像，非常值得參閱。

折發展，虛數在十六到十八世紀早已有了相同的遭遇。雖然十八世紀數學家已經能靈活運用虛數於研究工作上並解決許多問題，但虛數在數學裡「妾身未明」的地位，直到十九世紀才獲得正名。西元 1797 年，韋賽爾 (Caspar Wessel, 1745–1818) 提交丹麥皇家科學院 (Royal Danish Academy of Sciences) 的論文〈關於方向的分析表示〉(*Om directionens analytiske betegning*) 給出了虛數的幾何表徵與運算規則，並在 1799 年出版。1806 年，阿爾岡 (Argand) 出版《試論幾何作圖中虛量的表示法》，也給出了虛數的幾何表示法，[31]並用以證明數學中的定理。在當時，韋賽爾和阿爾岡的虛數幾何表示法和運算性質並未得到注意，虛數的幾何表示法一直到高斯手上才廣為人知。

歷史上常常有許多有趣的巧合。非歐幾何學與虛數，數學中兩個不一樣的分支，在西元 1831 年高斯身上有了交集。在 1831 年前，高斯對非歐幾何學與虛數都作了相關的研究，不過，他在 1831 年得知波里耶的非歐幾何學研究後，仍然不願意公開自己的研究。然而，就在同一年，他在《哥廷根學報》(*Göttingische gelehrte Anzeigen*) 發表一篇評論，提出「複數」(Komplex Zahl) 一詞及其幾何解釋，於是，虛數獲得合法地位才告塵埃落定。今日，複數平面也被稱為高斯平面，就是為了紀念他的貢獻。

如同前文所提及，虛數在獲得正名之前，數學家已經有許多的研究成果，包含將虛數引入分析學之中。這些研究成果今日稱之為複變數函數論或複變分析。接下來，我們介紹這門學問的發展過程時，一概以複變數函數或複變分析稱呼，不再特別區分虛數和複數。十九世

---

[31] 該論文之法文題銜為：*Essai sur une manière de représenter les quantités imaginaires dans les constructions géométrique*。

紀複變分析發展中，一定不能忽略的人就是柯西和黎曼。柯西在 1814 年完成、1827 年出版的〈定積分理論備忘〉(*Mémoire sur les intégrales définies*) 中，開始利用歐拉及拉普拉斯的方法，將積分從實數推廣到虛數，該篇論文實質上已經導出今日所稱的「柯西一黎曼方程式」，這是複變分析中非常基本而重要的定理。柯西在完成定積分的嚴謹定義後，也轉向定義複變數函數的定積分，結果呈現在他 1825 年的〈論取虛界的定積分〉，[32]這篇論文還證明了一個高斯已經給出、但未發表證明的一個重要定理，即後人所稱的「**柯西積分定理**」，用今日的術語呈現就是：

> D 為一簡單連通有界的域，C 是 D 內一條簡單封閉路徑，若 $f(z)$ 在域 D 內是解析的，則 $f(z)$ 沿 C 的積分為零，即 $\int_C f(z)dz=0$。

在 1826 年〈數學練習〉(*Exercise de mathématiques*) 中，柯西首度提出「留數」(residue) 的概念，並在他接下來的生涯中，致力發展留數理論，成為複變數函數積分計算的重要方法，這是他留給後人的另一項偉大成就。

柯西在複變分析上的研究成果，為單值複變數函數的積分建立了基礎，但在複變數函數的多值性與導數定義上的不足，則由黎曼完成。西元 1851 年，黎曼在高斯指導下的博士論文《單複變函數一般理論的

---

[32] 該論文之法文題銜為：*Mémoire sur les intégrales définies, prises entre des limites imaginaires*。

基礎》，[33]該論文不僅將單值複變數函數的「柯西—黎曼方程式」完備化（用今日術語呈現）：

$f(z)=f(x+iy)=u(x,\ y)+iv(x,\ y)$ 是解析的充要條件為 $u(x,y)$，$v(x,y)$ 可微且同時滿足 $\dfrac{\partial u}{\partial x}=\dfrac{\partial v}{\partial y}$ 與 $\dfrac{\partial u}{\partial y}=-\dfrac{\partial v}{\partial x}$。

他還定義今日所稱的「黎曼面」，來發展複變數函數的多值理論，延拓了柯西積分定理。在博士論文中，黎曼更將拓樸概念引入，指出今日所稱的「**黎曼映射定理**」**(Riemann mapping theorem)**。我們可以很簡單地說，柯西花了四十多年的時間奠立了複變數函數的基礎，在這基礎上，黎曼用一本博士論文，為後世數學家指引複變分析的研究方向。

在結束十九世紀複變分析發展的介紹之前，我們必須指出黎曼留給後人的一個巨大挑戰——黎曼猜想。西元 1859 年，黎曼在〈論小於給定數值的質數數目〉中提出，[34]質數的分布涉及如下函數：

$$\zeta(s)=\sum_{n=1}^{\infty}\frac{1}{n^s}=\frac{1}{1^s}+\frac{1}{2^s}+\frac{1}{3^s}+\cdots\text{，其中 } s=a+bi\text{，}a,\ b\in R\text{。}$$

這函數我們今日稱為黎曼 ζ 函數 （ζ 讀作 zeta）。 自然數中的質數分布，竟然與複變數函數有關！由此再次見證十九世紀數學不僅在各個領域有重大突破，各領域發展出的新理論、新工具也成為其他領域的

---

[33] 該文的德文題銜為：*Grundlagen fur eine allgemeine Theorie der Function einer verauderlichen complexen Grösse*。

[34] 該文的德文題銜為：*Uber die Anzahl der Primzahlen unter einer gegebenen Grösse*。

利器。黎曼在該篇論文中共提出了六個猜想，至今唯一的一個未被解決的猜想，可以簡單表示如下：

若 $0 \le a \le 1$，且 $s = a + bi$，$\xi(s) = 0$，則 $a = \dfrac{1}{2}$。

希爾伯特在西元 1900 年巴黎第二屆世界數學家大會演講中提出的 23 個數學問題，黎曼猜想名列第八；西元 2000 年美國克雷數學研究所的七個「千禧年大獎題」，第二題就是黎曼猜想。我們無從得知黎曼當初作出這個猜測時，是否預期多久後會被證明（或推翻）；時至今日，我們可以確認，一旦黎曼猜想被證明（或推翻），將會是人類歷史上最偉大的成就之一。

3.4.3 抽象代數

十九世紀的數學，除了各個領域的發展與互為所用之外，在代數領域中還有一個重要的特色，就是從方程式求解轉向抽象結構的探討。十八世紀對費馬大定理與一元五次方程式的研究，本質上仍是求解，求出方程式的解或證明無解。十九世紀，這兩個主題仍吸引許多人投入，進而產生了抽象代數中的環論與群論的發展。庫默爾對費馬最後（大）定理的研究，引起了數學家對唯一分解性質的重視。戴德金進一步發展出代數整數、理想的概念，而這些都將在二十世紀納入環論的範疇。至於群論的發展，橫跨了整個十九世紀。

十八世紀末，拉格朗日在一元五次方程式上的研究投入了許多心血而無法突破，曾經因此對數學發展前景感到悲觀。雖然拉格朗日沒有成功，但他在論證過程中，利用了根的置換 (permutation)，嘗試求出方程式的解，而這就成了後來突破的關鍵。西元 1801 年，高斯出版《算學講話》，其中關於割圓方程式 $x^n - 1 = 0$ 的求解，高斯利用了根的置換、分類，成功求出 $x^{19} - 1 = 0$ 的解，並據以指出吾人不能用尺規作圖作出正十九邊形。無論在拉格朗日還是高斯手中，根的置換是方程式求解的新工具，並非是數學研究的對象。柯西則是選擇了不同的進路，將置換作為研究主題（對象），討論置換的運算、置換形成的集合及其性質。柯西從西元 1815 年後近三十年在這主題上的研究成果，其實就是今日所稱的循環群。

柯西會對置換產生興趣，除了拉格朗日的影響外，義大利魯菲尼 (Paolo Ruffini) 的研究成果也是原因之一。魯菲尼在西元 1799 年出版了《方程的一般理論》(*Teoria generale delle equazioni*)，利用置換發展出一系列的工具與定理，宣告證明了五次方程式不能根式求解。不過，魯菲尼的成果並未受到大多數人的理解與認可，除了多數人仍執著於尋求五次方程式的解，魯菲尼的著作對當時許多人來說，是難以理解的，這部分魯菲尼自己要負點責任，許多地方他並沒有表達清楚。雖然拉格朗日冷淡對待魯菲尼的成果，但柯西倒是看出了其中置換理論的重要性，他自己對於置換的研究，也包含了魯菲尼的成果。西元 1821 年，柯西在寫給魯菲尼的私人信件中，認可他對五次方程式不能根式求解的證明。魯菲尼還來不及看到數學界接受五次方程式不能根式求解，就在 1822 年去世了。

魯菲尼和柯西的成果，被年輕的阿貝爾吸收並發揚光大，西元 1824 年，他發表五次以上方程式不能根式求解的論文，可惜，這篇論文並未引起重視。西元 1826 年，在克雷爾創辦的《純粹與應用數學雜誌》上，刊登了〈高於四次的一般方程式代數解法的不可能性之證明〉。[35]在這篇論文中，阿貝爾完整證明了五次以上的方程式不能根式求解。1829 年，阿貝爾繼續發表〈關於一類特殊的可解方程〉，[36]其中，他討論了可交換性，這也是今日我們將「可交換群」又稱為「阿貝爾群」的背景原因。克雷爾慧眼識英雄，看出了年輕阿貝爾的才能，除了在期刊上刊載阿貝爾的論文，也積極幫助阿貝爾改善經濟條件，最後甚至還幫阿貝爾爭取到柏林大學的教職，只可惜染患肺結核絕症的天才數學家阿貝爾，還來不及知道這個好消息，就與世長辭了，得年僅二十六歲。

十八、十九世紀有關五次方程式的研究似乎一直帶有「悲劇」的命運。許多人努力找到五次方程式的公式解，但都功敗垂成；魯菲尼和阿貝爾證明它不能根式求解，而這兩人都還來不及等到相匹配的榮耀就去世。下一個在這主題上有突破發展的人，更是成果在為眾人所知之前，就因決鬥負傷身亡，這個人就是伽羅瓦。伽羅瓦曾經在西元 1828、1829 年兩度報考巴黎工藝學院落榜，後來進入巴黎師範學院。1829 年，伽羅瓦開始對一元高次方程式求解的問題產生興趣，並寫成幾篇論文向巴黎科學院投稿。1829 年那篇論文中的內容，有些結果跟阿貝爾的結果是一樣的，伽羅瓦接受審稿人柯西的建議撤回論文，重新再寫一篇，1830 年再次投稿科學院爭取大獎。這次的審稿人是傅立葉，可惜的是傅立葉收到論文後沒多久就去世，這篇文章也就石沉大海。1831 年，伽羅瓦三度向科學院提交論文〈關於方程式根式可解的

---

[35] 本論文題銜為：*Démonstration de l'impossibilité de la résolution algébrique des équations générales qui passent le quatrième degré*。

[36] 本論文題銜為：*Mémoire sur une classe particulière d'équations résolubles algébriquement*。

條件〉(*Mémoire sur les conditions de résolubilité des équations par radicaux*)，[37]這是伽羅瓦在方程式求解最完整的一篇論文，可是審稿人卜瓦松無法理解而退回這篇論文，要求伽羅瓦修改。伽羅瓦並沒有修改這篇文章，原因和他後來熱衷政治運動有很大的關係。伽羅瓦從 1830 年就積極參與各種政治示威、宣傳活動，不僅被師範學院開除，還數度被捕、入獄。

此一插曲蘇菲・熱爾曼顯然知情，她在 1831 年 4 月 18 日寫信給義大利數學家李布里 (Libri) 時曾指出：「傅立葉先生的去世，對於伽羅瓦這位學生來說可能是最後的一擊。儘管他有時相當粗魯衝動，但卻表現十分聰穎的氣質。……他分文不名，而他媽媽也非常窮困。在他被學校開除回家之後，他攻擊他人的習性始終不改，他對你在巴黎科學院給過最佳演講之後的批評，就是絕佳的抽樣。那可憐的媽媽已經逃離家，留下她的兒子一人過日子。……聽說他已經完全瘋了。我擔心這事成真。」[38]

西元 1832 年 5 月 30 日，二十一歲的伽羅瓦參加一場決鬥負傷，隔日不治。伽羅瓦在參加決鬥前夕，把〈關於方程式根式可解的條件〉及其他兩篇手稿的摘要，以及一封簡要說明自己數學研究成果的信件（其中，最著名的一句話是：我已經沒有時間了），[39]留給好友謝瓦利耶 (Augustus Chevalier)。在該信中，伽羅瓦清楚指出：

---

[37] 本論文題銜英譯為：Dissertation on the conditions of solvability of equations by radicals。

[38] 引 Kleiner, *A History of Abstract Algebra*, p. 136。https://mathshistory.st-andrews.ac.uk/Biographies/Galois/ 也有這一段英譯，不過，版本略有差異。

[39] 伽羅瓦的傳記曾有過極為悲情的敘事，有一個版本說：他決鬥前夕終夜未眠，奮筆急書他的新發現研究成果。不過，實情並非如此！

> 我已經在分析學上獲得一些新的發現。我附帶（給你）的第一篇論文關注方程式理論，其他兩篇則是有關積分方程。在方程式論中，我已經研究方程式可以根式求解的條件；這給了我一個場合（舞臺）來深化這個理論，並且針對即使不能根式求解的方程式，也描述它的所有可能變換。[40]

謝瓦利耶在伽羅瓦死後，將其論文寄給許多數學家，但都沒得到回應。直到 1846 年，劉維爾 (Liouville) 在其創辦的《純粹與應用數學雜誌》 (*Journal de mathématiques pures et appliquées*) 上刊載伽羅瓦的論文，伽羅瓦的成果才被後人知道。

伽羅瓦的主要成果，就是利用今日所稱的「伽羅瓦群」來描述方程式根的特性，把方程式可解問題轉化成伽羅瓦群的性質研究。魯菲尼、阿貝爾證明了五次以上方程式不能根式求解，意思是五次以上方程式不像二次方程式那樣有公式解，但並非指所有五次以上方程式都不能根式求解。伽羅瓦的成果就是給出了方程式可以根式求解的條件，今日把這些成果稱為**「伽羅瓦理論」(Galois theory)**。

西元 1870 年，約當 (Camille Jordan, 1838–1922) 出版《論置換和代數方程》(*Traité des substitutions et des équations algebraique*)，包含了改進的伽羅瓦理論，並給出了可解群 (solvable group)、同態 (homomorphism)、同構 (isomorphism) 的概念。當《論置換和代數方程》出版問世時，克萊因和李 (Sophus Lie, 1842–1899) 正好在巴黎，他們發現可以利用群論來研究幾何學。兩人後來各自利用群論的概念，發展出自己的數學研究成果，李群 (Lie groups) 和埃爾朗根綱領就分別

---

[40] 引 Kleiner, *A History of Abstract Algebra*, p. 138。

是兩個人的代表性成就。1870 年，克羅內克也發表關於可交換群的研究成果。雖然約當和克羅內克都使用了群論的語言，但並沒有給出群的抽象定義。第一個給出群的抽象定義的，是英格蘭的數學家凱萊 (Arthur Cayley, 1821–1895)。他對置換群的興趣來自柯西，當時數學界對群論的研究，只有置換群，凱萊在西元 1854–1859 年間的幾篇論文，將群的概念抽象成元素與運算。到了十九世紀末，弗羅貝尼烏斯 (Georg Frobenius, 1891–1965)、斯蒂克伯格 (Stickelberger)、馮・迪克 (Walther von Dyck, 1856–1934)、韋伯 (Heinrich Weber, 1842–1913) 等人才運用抽象化、公理化的方法來發展群論。十九世紀群論、環論及相關的研究成果，將成為下一個世紀抽象代數中的豐富內涵，而集大成並開創全新進路的頂尖數學家，將是第 4.2 節的主角，女數學家涅特 (Emmy Noether, 1882–1935)。

3.4.4 線性代數[41]

到西元 1880 年為止，線性代數的許多基本結果已然就緒，不過，它們尚未被綜合成為一個「一般性」理論，甚至連架構此一理論的向量空間 (vector space) 概念，都還沒有現身。

直到 1888 年，皮亞諾才引進「向量空間」，但未獲應有的重視，正如葛拉斯曼 (Grassmann) 早期的先驅成果之遭遇一樣。事實上，向量空間成為在理論上羽翼豐滿的一個學門（線性代數）的不可或缺元素，就一直要等到二十世紀上半葉。因此，誠如數學史家克萊納 (Kleiner) 的評論，線性代數教科書的邏輯順序逆轉了這個學門的歷史

---

[41] 本小節內容主要取材自 Kleiner, *A History of Abstract Algebra*。不過，克藍因的《數學史》第 33 章也值得參考。

發展。從 HPM 角度來看，這具有十足的啟發性，也是我們編寫這一小節的主要用意之一。[42]

底下，我們的簡介將仿照數學史家克萊納的單元主題論述順序：線性方程式、行列式、矩陣與線性變換、線性獨立、基底及維度，以及向量空間。[43]首先，考慮線性方程式這個單元，最早且能夠連結到線性代數，當然非中國《九章算術》的「方程術」以及「正負術」莫屬，其線性方程組之解法就相當於**「高斯消去法」(method of Gaussian elimination)**，[44]我們在《數之軌跡 I：古代的數學文明》第 4.4 節就引述了《九章算術》第八章的「方程」中的一個例題，相當足以說明中國秦漢時期的高超算法。

不過，線性方程組求解與行列式的連結，則是萊布尼茲的貢獻，他在西元 1693 年發明行列式這個概念，來研究線性方程組的求解。不過，他的研究成果當時並不為人所知。針對 n 個線性方程式、n 個未知數的方程組（所謂的 $n \times n$ 系統）的求解，克拉瑪 (Gabriel Cramer, 1704–1752) 給出了我們今日以他為名的克拉瑪法則 (Cramer's rule)，但是並沒有證明。不過，他之所以研究方程組解法，其目的則是為了求解如下的幾何問題：求一條 n 次的代數曲線通過 $(\frac{1}{2})n^2+(\frac{3}{2})n$ 個固定點。

---

[42] 當然，線性代數的教科書呈現多半相當抽象，初學者往往難窺堂奧之美，因此，藉由簡要的歷史回顧，當學習者遭遇學習困難時，說不定比較容易釋懷。傑出的應用數學家 Steven Strogatz 回憶普林斯頓大學數學系的「線性代數」課程之沉悶與冗煩，讓他差點讀不下去。參見 Strogatz 自傳體的普及著述：《學微積分也學人生》。

[43] 這也是克萊納《抽象代數史》(*A History of Abstract Algebra*) 第 5 章各節標題。

[44] 參考蘇俊鴻，〈方程術：矩陣的高斯消去法〉。

前述這些都是解題，第一位探索「定性」問題的，則是歐拉。他觀察到 $n\times n$ 系統不必然有唯一解，他也知道為了「唯一」，必須加上一些條件，儘管他最終並未給出。這多少也見證十八世紀的求解方程組，是歸類為行列式研究的一部分。

高斯消去法是高斯在西元 1811 年為了尋找一顆小行星的軌道，而「發明」最小平方法 (the method of least squares) 時，所引進的一種系統性程序，儘管他並未使用矩陣的符號。不過，他所求解的方程組不一定是 $n\times n$ 系統。因此，就高斯或他之前兩千多年的九章方程術來說，其蘊藏的矩陣概念完全與行列式無關。

不過，行列式作為一種工具或方法，還是有它風光的過往。在歷史上，不僅它的問世早於矩陣，而且「名分」(status) 也顯然較早獲得認可。至於其原因究竟，可能是它與**「消去理論」(elimination theory)**——尋找兩個方程式有共同根的條件的連結有關，因為這理論之主題就包括：坐標變換用以化簡代數式（譬如二次式 quadratic form）、重積分中的變數變換、微分方程組的求解，以及天體力學。或許正因為如此，萊布尼茲曾撰寫多篇有關行列式的論文，不過，卻一直要到二十世紀末，才有現代數學史家將它們整理發表。

無論如何，在萊布尼茲之後，就有數學家開始將行列式當作一個「物件」進行研究，譬如，麥克勞林 (Maclaurin, 1698–1746) 在他的《代數學論著》(*Treatise of Algebra*) 中，就納入行列式的一些基本性質，以便用以求解 2×2、3×3 系統。過沒多久，前述克拉瑪法則就出現了，該法則行列式的第一個有意義的應用。

至於行列式獨立於求解線性方程組之外的呈現，則是范德蒙在他的《消去理論之備忘錄》(*Memoir on Elimination Theory*, 1772) 所貢

獻。拉普拉斯 (Laplace) 隨即延拓若干結果，並且將 $n \times n$ 行列式按餘因子 (cofactor) 展開。不過，在柯西登場之前，高斯的「臨門一腳」也極為重要。

高斯在他揭開現代數論研究的《算學講話》(1801) 之中，首次使用行列式 (determinant) 這個名詞，至於他之前的數學家，則只是使用其概念（意涵）。高斯在此將它用來代表一個二次式 (quadratic form) $ax^2 + bxy + cy^2$ 的判別式 $b^2 - 4ac$。不過，高斯顯然志不在行列式本身。首度將行列式進行系統化研究的數學家是柯西，事實上，他被視為現代行列式理論的創建者。他在 1815 年發表的論文內容，就有很多成為現代行列式教科書的教材。譬如，乘積公式：$\det(AB) = (\det A)(\det B)$（det A 代表 A 的行列式，等等）就包括在內。柯西在 1843 年以行列式為基本工具，進一步發展 n-維解析幾何學，戴德金 (Dedekind) 則在 1870 年代利用行列式證明代數整數 (algebraic integer) 的和與積也都是代數整數。所有這些都必須歸功於柯西所提供的行列式理論成果，讓數學家可據以研究 n-維代數、幾何與分析學。

到了 1860 年代，外爾斯特拉斯與克羅內克開始將行列式理論嚴密化，也見證了這個理論發展的高峰。到 1903 年，他們兩人的研究成果開始廣為人知時，行列式在十九世紀儼然成為顯學，數學家發表的論文就超過兩千篇。可惜，好景不常，由於行列式不再是線性代數的主要結果證明之所需，因此，行列式幾乎「淪落」成為二十世紀的「活化石」。

走過了行列式的「榮景」，我們現在可以專注在線性代數的主體部分——矩陣與線性變換。誠如數學史家克萊納的備註：矩陣是「自然的」數學物件，它們出現在線性方程組、線性變換之中，也在與雙線

性及二次式 (bilinear and quadratic form) 的結合中現身，後者是幾何、分析、數論及物理學的重要工具。現在，依序介紹高斯、凱萊、以及弗羅貝尼烏斯 (Frobenius) 等數學家的貢獻。

在《算學講話》中，高斯以隱約的方式，將矩陣表現成為線性變換的一種縮寫。在該部經典中，高斯的主要關懷當然是數論。他深入探究二元二次式 $f(x, y) = ax^2 + bxy + cy^2$ 的算術理論。給定兩個二次式 $f(x, y)$ 及 $F(X, Y) = AX^2 + BXY + CY^2$，他證明：如果存在一個線性變換 T 將坐標 (x, y) 映至 (X, Y)，且其行列式值為 1，也將 $f(x, y)$ 映至 $f(X, Y)$，則這兩個二次式「等價」，亦即它們得出相同的整數解（a, b, c 及 A, B, C 都是整數）。在論證過程中，高斯將線性變換表現成為係數的長方形陣列，同時，他也引進矩陣乘法，儘管只針對 2×2、3×3 系統，還有，他並未使用矩陣 (matrix) 這個術語。

高斯所考慮的 2×2、3×3 系統之行列都相同，也就是現在教科書所說的二、三階方陣。以「形式化」方式引進一般 $m\times n$ 矩陣的數學家，是英國的凱萊，出現在 1850、1858 年他所出版的兩篇論文。至於矩陣 (matrix) 這個術語，則是他同時代的英國數學家西爾維斯特 (Sylvester) 在 1850 年所敲定。凱萊定義矩陣的加法與乘法，矩陣乘以一個常數，以及逆方陣等概念，一旦掌握最後這個概念，凱萊強調這將有助於求解 $n\times n$ 的線性系統。在 1858 年出版的論文〈矩陣理論的備忘錄〉(*A memoir on the theory of matrix*) 標題上，“matrix” 已經正式出現，足見一個新的學門已然形成。事實上，在該篇論文中，凱萊證明了著名的凱萊－漢米爾頓定理 (Cayley-Hamilton theorem)，[45]儘管只

---

[45] 可參考林倉億，〈二階方陣的凱萊－漢米爾頓定理〉，https://highscope.ch.ntu.edu.tw/wordpress/?p=50791。

針對 2×2 方陣的案例。後來，他又進一步利用矩陣解決凱萊－厄米特問題 (Cayley-Hermit problem)：找出所有使得 n 個變數的二次式保持不變 (invariant) 的所有線性變換。

在英國之外，凱萊在 1850 年代所發表的重要論文幾乎沒人注意，直到 1880 年代，被忽視的情況才有所改善。不過，在 1820–1870 年代的歐洲大陸，也出現了許多深刻的研究結果。數學家柯西、傑可比、約當、外爾斯特拉斯等等，共同創造了所謂的矩陣的譜論 (spectral theory of matrix)。他們將矩陣分成為對稱的、直交的 (orthogonal)，以及么正的 (unitary) 等類型，探討各種類型矩陣固有值的性質，並且進行標準形式的理論之研究，最後這些結果包括最重要的「**約當標準型**」**(Jordan canonical form)**，它是由外爾斯特拉斯（以及約當獨立地）引進，並且證明：兩矩陣相似若且唯若它們具有相同的約當標準型。

弗羅貝尼烏斯 (Frobenius) 被他的老師外爾斯特拉斯所啟發，在雙線性式 (bilinear form) 的關連中，發展相當完整的矩陣理論。其中之一，凱萊早在 1858 年已經證明：四元數 (quaternion) 同構於 (isomorphic) 布於複數的 2×2 矩陣所構成的代數 (algebra) 之一個子代數 (subalgebra)。此處，所謂的「代數」是指同時是環 (ring) 與布於某體的向量空間的一種結構。

現在，我們開始簡介線性獨立、基底及維度。這些概念都不必然源自形式定義，而是在各自不同的脈絡中現身。這些脈絡有代數數論、體及伽羅瓦理論、超複數系 (hypercomplex number systems)（現在稱之為「代數」algebra）、微分方程，以及解析幾何。

在代數數論中，代數數體 $Q(\alpha)$ 是個主角，其中 Q 是有理數系，而 α 是一個代數數 (algebraic number)。顯然，$Q(\alpha)$ 中的元素都可以表現成為 $a_0+a_1\alpha+a_2\alpha^2+\cdots+a_{n-1}\alpha^{n-1}$。因此，$1, \alpha, \alpha^2, \cdots, \alpha^{n-1}$ 構成一

個基底，$Q(\alpha)$ 被考慮成為一個布於 Q 的向量空間。這是戴德金 (Dedekind) 在 1871 年的思路，他為了研究代數數論而引進體的概念。同時，他也引進與現代線性代數有關的一些概念，譬如，給定 E 是 K 的子體，且 K 被考慮成為一個向量空間，他定義 K 布於 E 的「**次數**」**(degree)** 就是 K 的維度。同時，他也證明如果次數為有限數，則 K 的每一元素都是布於 E 的代數數。正是在這個脈絡中，線性獨立、基底，以及維度都一一現身，只有向量空間還處在「半遮面」的狀態。

不過，代數與幾何的互動對於線性代數發展的利多，還是最值得我們關注，譬如說吧，n-維歐式幾何就可以被視為布於實數的 n-維向量空間，但連帶賦予了一個對稱的雙線性式 $B(x, y) = \sum a_{ij}x_iy_j$，用以定義向量長度及兩向量夾角。這段歷史可以追溯到十七世紀笛卡兒與費馬（二維）、十八世紀歐拉延拓（三維），以及由蒙日在十九世紀早期所貢獻的現代形式，其中所引進的線性組合、坐標系，以及基底，都是線性代數的根本概念。

最後，我們終於抵達這一趟歷史之旅的尾聲——向量空間。誠如本節一開始指出，這個主題在現代線性代數教科書中，一向被安排為第一章。我們且看其歷史脈絡的真相為何。

向量概念及其運算法則源自物理，大約是在十七世紀末建立。至於數學面向的向量概念，則是由複數的幾何表徵類比得到，這個表徵在十八世紀末到十九世紀初之間，由多人各自獨立地給出，由韋賽爾在 1797 年開頭，然後，在 1831 年由高斯總結。1835 年，漢米爾頓 (Hamilton) 在研究四元數的脈絡中，給出複數的代數定義方式：複數是平面上的有序實數對 (ordered pair of reals)，再加上尋常的加法與乘法，以及乘上實數的乘法。他還提及這些數對滿足運算的封閉性、交換及分配律，有一個 0 元素，有加法與乘法反元素。當然，漢米爾頓

將他的向量延拓到三維空間，其進路則是在他的四元數系統中，建構向量的一種代數。吉伯斯 (Willard Gibbs) 及赫維塞 (Oliver Heaviside) 在 1880 年代也引進一個競爭系統，稱之為向量分析 (vector analysis)。

向量空間理論的一個關鍵發展，是延拓三維空間的概念，而前往更高維度空間，這是 1840 年代早期由凱萊、漢米爾頓及葛拉斯曼 (Grassmann) 推進的研究成果。葛拉斯曼在 1843 年發表論文〈線性延拓之學說〉(*Doctrine of Linear Extension*)，目的在於建構一個與坐標無關的 n-維空間之代數。但其中包括線性代數的許多基本理念，如 n–維向量空間、子空間、張拓集 (spanning set)、獨立性、基底、維度，以及線性變換。可惜，他的論文很難卒讀，很多新的想法又夾雜著哲學意涵，因此，無法贏得數學社群的青睞。他的 1862 年版本比較容易研讀，因而得以啟發皮亞諾，於是，後者在 1888 年出版《幾何微積分》(*Geometric Calculus*)，將葛拉斯曼的一些理念賦予抽象的建構。可惜，他的公設化進路在當時僅獲得有限的迴響，因此，儘管他提供了與今日相當接近的理論版本，而且還列舉了向量空間的例子，諸如實數、複數、平面與空間的向量、從一個向量空間到另一個的線性變換之集合，以及有單一變數的多項式之集合，終究是知音難尋。譬如，外爾 (Weyl) 在他的《空間、時間與物質》(*Space, Time and Matter*, 1918) 中，將有限維的實向量空間公設化，但他顯然未知皮亞諾的相關貢獻。1920 年，巴拿赫 (Banach) 在他的博士論文中，將完備賦範空間（complete normed vector space over reals，現在稱之為「巴拿赫空間」Banach space）公設化，前十三個公設就是有關向量空間的概念。1921 年，涅特在她的論文〈環中的理想理論〉(*Ideal theory of rings*) 中引進模 (module) 的概念，並將向量空間視為其特例。

最後，涅特的追隨者范德瓦爾登 (van der Waerden) 在 1930 年出版代數學的經典教本《近世代數》(*Modern Algebra*)，其中有一章標題是線性代數 (Linear Algebra)，而且，他追隨「師傅」涅特的足跡，在定義布於一個環的模之後下一頁，他就定義了向量空間。

現在，線性代數的所有「建材」都已齊備，剩下來的「建築設計」工作，無非是大學數學系開出此一課程，然後，一門重要學科的建制，終於就完成了。

3.5 集合論、數學基礎危機、公設方法

回首十九世紀的數學發展，「數學家」在學校課堂上教學，使得優秀學子可以獲得更扎實的數學訓練，以及更先進的數學知識。無論是在巴黎、柏林、哥廷根還是歐洲其他地區，許多新一代的「數學家」透過跟大師學習而嶄露頭角，透過更多的數學專業期刊發表自己的研究成果，數學的發展深度與廣度遠遠勝過上一個世紀。相對地為了教學，「數學家」必須用心安排自己的教材與授課內容，仔細審視內容的邏輯性與嚴密性，將「最正確」的數學知識教授給學生。教師對教材的嚴謹處理，最突出的成就即分析的嚴密性與算術化。從這一切看來，數學正走向康莊大道，「數學家們」越來越相信數學知識的可靠性、真實性，也越來越相信自己可以解決更多的、甚至「每一個」數學問題。希爾伯特 1900 年在巴黎第二屆世界數學家大會演講中宣示的：

> 相信每個數學問題都是可解決的，這信念對數學工作者來說是強大的激勵。我們在內心聽到永恆不絕的呼喚：「問題就在那裡，找出它的解。」你可以通過純粹的理性找到問題的解，因為在數學中沒有不可知的。

(This conviction of the solvability of every mathematical problem is a powerful incentive to the worker. We hear within us the perpetual call: There is the problem. Seek its solution. You can find it by pure reason, for in mathematics there is no ignorabimus.)

這個宣示貼切地反映出十九世紀末「數學家們」的集體信念／信仰。然而，就在這看似美好的背後，一顆鎖不上的小螺絲，造成了整個數學基礎的大危機。這段歷程，從十九世紀下半葉開始醞釀，直到二十世紀上半葉仍在數學界沸沸揚揚。二十世紀的數學史家莫里斯・克藍因 (Morris Kline, 1908–1992) 以他的封關之作《數學：確定性的失落》來詳述，[46]本節只能介紹概略與大事件，細節的部分不得不割愛。

首先，那一顆鎖不上的小螺絲究竟怎麼產生的？這問題的根源還是要回到數學教學。外爾斯特拉斯在分析嚴密化的過程中，發現必須說清楚何謂無理數、實數？以今日數學的術語來說，少了實數完備性，就不能保證數列 $\{a_n\}=\{1, 1.4, 1.41, 1.414, 1.4142, 1.41421, \cdots\}$ 是收斂的，其中 a_n 是 $\sqrt{2}$ 化成小數後的前 n 位，換句話說 $\lim\limits_{n\to\infty} a_n=\sqrt{2}$ 必須建立在實數的完備性上。同樣地，少了實數完備性，連續性也會出問題。外爾斯特拉斯並未發表他利用有理數性質定義無理數、實數的研究成果，而是透過在柏林大學的授課，傳授給學生。

戴德金在教學準備時，也遇到和外爾斯特拉斯相同的困擾，他在西元 1872 年發表的《連續性和無理數》(*Stetigkeit und irrationale*

---

[46] 為了與 Felix Klein 的中文譯名「克萊因」區隔，在本書中我們將 Morris Kline 譯成「克藍因」。

Zahlen) 中自述，自 1858 年秋天起就開始構思這個主題：

> 當時身為蘇黎世工科學校的教授，我首度發現自己不得不講述微分的基本要素，而且比以前任何時刻都更強烈感受到微分缺少一個真正科學的算術基礎。……人們常說微分在處理連續的量，但卻沒有在任何地方給出連續性的解釋，甚至是最嚴謹的微分陳述……其仰賴的定理從來不是用純粹算術形式建立的。……只有在算術中找到這些定理的本源，才能同時確保連續性本質的真正定義。

戴德金利用算術形式定義數，即今日所謂的「**戴德金分割**」**(Dedekind cut)**。每個有理數 a 都把所有的有理數分成兩類，第一類 A_1 中的每一個數都小於第二類 A_2 中的每一個數，至於 a 僅可以屬於 A_1 或 A_2 其中一類，如此一來，每一個有理數就決定一個分割，反過來亦同，每一個分割 (A_1, A_2) 就代表唯一一個有理數。戴德金接下來就是利用有理數分割來定義無理數，舉例來說，把所有的有理數分成 2 類，一類是平方大於 2 的正有理數，稱為 A_2，另一類 A_1 則是其他的有理數，那麼分割 (A_1, A_2) 代表的就是無理數 $\sqrt{2}$ 。戴德金透過分割 (A_1, A_2) 定義了實數系，並且證明：「如果全體實數系 R 被分成兩個類 μ_1 和 μ_2，使得類 μ_1 中的每個數 a_1 都小於類 μ_2 中的每個數 a_2，那麼存在一個且僅有一個數 α，它產生這個分割。」[47]如此一來，實數的完備性就得到了，而連續性也得以建立在算術形式上了。

---

[47] 引李文林主編，《數學珍寶》，頁 695。

西元 1872 年前後，除了戴德金的《連續性和無理數》外，還有另外四個人利用數列來定義無理數，可見利用算術形式定義實數，是當時數學界熱衷的主題。其中最值得一提的，就是外爾斯特拉斯的學生康托爾。康托爾利用收斂數列的極限定義數，並將實數視為這些極限的集合，而後康托爾的重點就轉向探討數的集合，特別是無窮集合的研究。西元 1873 年康托爾證明自然數集合與實數集合間，不存在一一對應的關係；隔年證明有理數集合和代數數集合，都可以與自然數集合有一一對應的關係，由此可以得知超越數有無窮多個，比自然數還多的無窮多。兩個無窮集合怎麼比較大小或比較元素多寡呢？還有更根本的問題：「到底無窮（或無限）是什麼呢？」這問題從古希臘時代就困擾著人們（參閱《數之軌跡 I：古代的數學文明》第 3.3.1 節），連十七世紀的伽利略也奉勸世人不要碰觸無窮的問題。康托爾不僅成功將無窮視為一個整體來討論，更發展出比較的方法，也就是兩個無窮集合之間若存在一一對應的關係，則稱這兩個無窮集合有相同的「**基數**」**(cardinal number)**，白話文就是說：這兩個無窮集合是一樣大的。

康托爾成功發展出一套處理無窮的方法後，他的集合論語言逐漸被數學各個領域所採納，例如數學家波瑞爾 (Emile Borel, 1871–1956) 和勒貝格 (Henri Lebesgue, 1875–1941) 利用無窮集合論發展更廣義的積分。康托爾和戴德金發現集合論可以用來理解曲線和維度的概念，而在自然數的基礎、甚至是整個數學基礎的建立上，都是十分有用的。1888 年戴德金在《數的本性與意義》中，[48]利用集合的概念討論什麼

[48] 《數的本性與意義》德文書名為 *Was sind und was sollen die Zahlen?*，英文譯名有 *What are numbers and what should they be?* 與 *The Nature of Meaning of Numbers*，中文譯名是根據第二個英文譯名翻譯，如此更能清楚顯示這本書的主題。

是自然數？如何從自然數構造有理數？隔年，皮亞諾 (Giuseppe Peano, 1858–1932) 採用戴德金的觀點，在《算術原理》(*Principles of Arithmetic*) 中提出自然數公設，進而推導出有理數。至此，分析學的嚴密性與算術化可以建立在集合論上，不僅有了「堅實」的基礎，更無須再倚賴物理世界的運動或數學世界的幾何了。

可惜，事情的發展決不像童話故事裡王子和公主的圓滿結局那樣美好，集合論也有著自己的問題。首先，如果把自然數集合的基數定為 $\aleph_0$（也是有理數集合的基數），實數集合的基數定為 $\aleph_1$，那是否存在一個實數子集合，其基數比 $\aleph_0$ 大但比 $\aleph_1$ 小？其次，任兩個基數一定符合三一律嗎？即任兩個基數 $\aleph$ 和 $\aleph'$ 的關係一定是 $\aleph < \aleph'$、$\aleph = \aleph'$、$\aleph > \aleph'$ 三者其中之一嗎？而這個問題又與集合的良序性 (well-order) 以及選擇公設 (axiom of choice) 息息相關。我們無意在此繼續深入這兩個問題，只是要指出，當時的集合論擁護者認為這兩個問題是可以被解決的。第一個問題就是所謂的「連續統假設」，希爾伯特 1900 年在巴黎第二屆世界數學家大會中提出的 23 個問題的第一個，見第 4.6 節。後者有以哲美羅 (Ernst Zermelo, 1871–1953) 為主的集合論學派，試圖透過將集合論公設化來化解，見第 4.5 節。不過，1903 年羅素 (Bertrand Russell, 1872–1970) 提出的「**羅素悖論**」(**Russell's paradox**)，或俗稱的「理髮師悖論」(barber paradox)：

> 有位理髮師宣布不幫自己刮鬍子的人刮鬍子，只幫不自己刮鬍子的人刮鬍子。那麼，這位理髮師要不要幫自己刮鬍子呢？

這給了集合論重重一擊，集合論似乎大有問題！作為數學的基礎集合

論如果有問題，那數學的基礎也跟著有問題，數學不再是牢不可破、確定的知識／真理了！

羅素提出悖論的二、三十年間，數學的基礎成為熱門的攻防議題，有以哲美羅為主的集合論學派、羅素和懷德海 (Alfred North Whitehead, 1861–1947) 倡議的邏輯主義 (logicism) 學派、布勞威爾為代表的直覺主義 (intuitionism) 學派，以及希爾伯特領導的形式主義 (formalism) 學派。這四個學派之間的攻防與相互嘲諷，使得數學基礎 (foundations of mathematics) 成為二十世紀初期數學界一場紛擾的戰局。在此，我們就不描述這場戰局的戰況，而必須指出，無論是哪一個學派，縱使立場不同，卻都有一個重要的共通點，就是使用公設方法 (axiomatic method)。

公設方法不是新玩意，自古希臘時期以來，數學知識體系的建立就是仰賴公設方法，譬如，歐幾里得的《幾何原本》(*The Elements*) 就是最佳見證。（參考《數之軌跡 I：古代的數學文明》第 3.4 節）縱使十七、十八世紀分析學發展時沒有足夠嚴謹的公設系統，但在十九世紀柯西、外爾斯特拉斯、戴德金、康托爾等人的努力下，分析學終於擺脫無窮小量 (infinitesimal) 的鬼魂，能夠從一個公設系統出發，嚴謹推導出定理。希爾伯特在西元 1899 年出版的《幾何學基礎》(*Grundlagen der Geometrie / The Foundations of Geometry*)，從 3 個基本元素（點、線、面）、3 個基本關係（結合關係、順序關係、合同關係 incidence relation）、5 組基本公設（8 個結合公設、4 個順序公設、5 個合同公設、1 個平行公設、2 個連續公設），成功地將初等幾何（包含歐氏與非歐幾何）建立在這個公設體系中，這個幾何學也被稱為「**絕對幾何學**」**(absolute geometry)**。希爾伯特的成功，引領其他人努力為數學的各個分支，建立新的或改造舊的公設系統，這很好地說明何以有學者將二十世紀初的這股風潮，稱為數學的「**公設化運動**」。數學知識可以堅實嚴密地建立在公設系統上，那麼，尋求數學基礎的公設系統會成為上一段四個學派的共通點，也就不足為奇了！

希爾伯特將公設方法用在數學基礎上，如同其他人會面臨到的狀況就是，每個公設系統一定要有「**無定義名詞**」（或稱「未定義項」(undefined term)，見《數之軌跡 I：古代的數學文明》第 3.4 節）。如果每個名詞都要有定義的話，那只會陷入無限的定義迴圈之中。然則如何解釋無定義名詞呢？換個說法，無定義名詞的意義如何詮釋呢？希爾伯特選擇不涉及意義問題。他認為數學只是一種形式的科學 (formal science)，一種抽象的、符號的科學，依賴合乎邏輯的符號操作演繹出定理。例如，希爾伯特自己就曾說，可以用桌子、椅子和啤酒杯來代替點、線和面，幾何學的定理一樣成立。這說法當然有點「譁眾取寵」的味道，也容易遭受到「數學是無意義符號操作」的批評，但這也凸顯希爾伯特在乎的，是如何從公設系統中處理命題、演繹定理，更重要的是，他相信公設系統可以具有一致性（沒有矛盾、相容 (consistency)）與完備性（每個命題都可以被證明或否證 (completeness)）。西元 1930 年，希爾伯特退休並接受出生地哥尼斯堡 (Konigsberg) 榮譽市民時發表的演說，最後兩句話（錄音檔至今還被保存著）正是希爾伯特對公設方法的最佳寫照：

> 我們必須知道，我們終將知道！
>
> (*Wir mussen wissen. Wir werden wissen.*)

只要公設系統的一致性與完備性得到證明，那麼，數學知識的確定性也無庸置疑，從而數學基礎也不再需要費心處理。

西元 1931 年，希爾伯特得意的「笑聲」仍在數學圈內迴盪，年輕的哥德爾 (Kurt Gödel, 1906–1978) 發表「不完備定理」(incompleteness theorem)，宛如晴空霹靂，徹底摧毀希爾伯特的終極夢想，同時破除用公設方法確立數學基礎的幻想。[49]或許人們還能夠堅信數學是一種「確定性」的知識，但，數學不再是對照實在界 (reality) 的「真理」(truth) 了！

從集合論衍生而來的數學基礎危機，在哥德爾不完備定理之後，確定無法解除，但不再是「危機」了！雖然數學家們不能建立一個牢不可破、完美無缺的數學基礎，但這完全不會阻礙數學家繼續在數學裡面追尋並解決有意義的問題，進而發展新的理論及分支。數學在其他科學領域的應用，也證實數學是有用的、有效的——誠如傑出物理學家威格納 (Eugene Wigner, 1902–1995) 所指出，當數學應用在大自然時，它總是具有一種不合理的有效性 (unreasonable effectiveness)。二十世紀的數學並沒有因為基礎危機而凋零，反而更加蓬勃及多元發展。

那麼，我們究竟如何刻劃二十世紀的數學？請見第 4 章。

---

[49] 哥德爾的論文正式發表於 1931 年，不過，就在希爾伯特接受榮譽市民演講的幾天前，哥尼斯堡舉辦的一場有關數學基礎的研討會，演講者有海汀 (Heyting)（布勞威爾 Brouwer 的學生代表直觀學派）、哲學家卡納普 (R. Carnap)，以及代表希爾伯特基礎綱領的馮紐曼 (von Neumann)。在閉幕前的圓桌討論中，有一位害羞的年輕人哥德爾沉靜地宣告了一個研究結果，讓務實的馮紐曼立即領悟到希爾伯特綱領瞬間變成歷史。希爾伯特得知此消息後非常生氣，但並未修訂他那演講中見證形式主義的「最後輓歌」（如上一節所引）。參考 Davis, *Engines of Logic*, p. 103。

3.6 機率統計的歷史一瞥

一般而言，傳統的數學追求「確定性」與「必然性」；機率統計則處理「不確定」與「隨機性」(randomness)。構築於公理與邏輯的基礎之上，數學論證堅不可破、數學真理永恆不變；然而相對地，統計學的推論與決策，並非絕對，必定存在誤差的可能，其可能性則由機率論「保證」。這種「或然知識」(probable knowledge) 的特性，與機率統計的思維是分不開的。

誠如數學家柏林霍夫、辜維亞所指出：在十八世紀初期，統計和機率共同發展成有關「不確定性」之數學探究的兩個緊密相關領域。「事實上，它們是對相同的基本情況進行相反兩方的考察。機率探討吾人已知群體的未知樣本可以說些什麼？例如，知道了一對骰子一次可能得到的所有數值組合，那麼，下次投擲得到點數和為 7 的可能性是多少？」另一方面，「統計則是從調查一個小型的樣本，探究吾人對未知的群體可以說些什麼？例如，知道十六世紀一百位倫敦市民的壽命，我們是否可以推論出一般倫敦人（或是歐洲人，或是一般的人類）也可以活一樣久？」[50]

儘管如此，從知識論觀點來看，源自博弈遊戲的機率理論，誠如在《數之軌跡 III：數學與近代科學》第 3.2 節（古典機率）所論述，一直都在提供統計學發展的必要「數學」養分。直到 1930 年代，統計學者對於冠上「數理的」(mathematical) 形容詞而成為數理統計學 (mathematical statistics)，似乎視為理所當然，譬如標誌著數理統計學的自主地位的象徵——《數理統計學誌》(*Annals of Mathematical*

[50] 引柏林霍夫、辜維亞，《溫柔數學史》，頁 199–200。

Statistics)，就創刊於 1929 年，還有，美國的數理統計學院 (Institute of Mathematical Statistics, IMS) 也在 1935 年建立。另一方面，我們若參看《數學評論》(*Mathematical Review*) 1940 年（第一卷第一期）封面列出的學門分類，可以發現：其分析學的子學門已經包括機率論、理論統計學 (theoretical statistics)、機率論的應用及經濟學，請參考第 4.1 節。可見，機率與統計老早已經成為專業自主發展的學科。當然，1930 年代還有一個重要史實必須對照，那就是在 1933 年，蘇聯數學家科摩哥洛夫 (Kolmogorov)，仿照波瑞爾及勒貝格的測度理論架構 (measure-theoretic framework)，建立機率論的公設基礎。[51]在此基礎上，蘇聯數學家馬可夫 (Andrei Markov, 1856–1922) 也發展出與隨機過程有關的馬可夫鏈 (Markov chain)。不過，馬可夫出身聖彼得堡 (St. Petersburg) 學派，是柴比雪夫的得意弟子。[52]柴比雪夫主要使用數學分析技巧，來研究機率及數理統計的主要問題，他在二十幾歲時，已經獨立地證明卜瓦松弱大數法則，但其進路則有更清晰的抽樣概念。[53]

柴比雪夫的進路看起來類似歐洲大陸數學家，以勒讓德的最小平方法為例，他的技巧純粹訴諸優選判準 (criterion of optimization)，而無關機率論式的詮釋。[54]不過，他們是否也觸及（機率性）知識的本質，我們還不得而知。那麼，從十八世紀開始，法國主要數學家如孔

---

[51] 本段也參考 Hunter, “Foundations of Statistics in American Textbooks: Probability and Pedagogy in Historical Context”。

[52] 參考 https://mathshistory.st-andrews.ac.uk/Biographies/Markov/。

[53] 參考 Grattan-Guinness, *The Rainbow of Mathematical Sciences*, p. 517。

[54] 這個方法附錄在他於 1805 年出版的一本有關彗星運動的小書。參考 Grattan-Guinness, *The Rainbow of Mathematical Sciences*, p. 383。

多塞 (Condorcet, 1743–1794)、拉普拉斯究竟如何面對這種有關「不確定性」的科學 (science of uncertainty)？平心而論，他們乃至其他十八世紀法國數學家的數學研究，都離不開啟蒙運動所揭櫫的信念。[55]拉普拉斯在撰寫《天體力學》(*Mécanique céleste*, 5 vols., 1799–1825) 時，對於牛頓力學的**「機械決定論」(mechanistic determinism)** 擁有無比的信心。[56]他想像有一個像上帝一樣全知全能的存在（如今被稱為「拉普拉斯的惡魔」），[57]它有能力追蹤宇宙中一切原子的位置，以及作用在這些原子身上的所有力。於是，拉普拉斯宣稱：「根據牛頓力學，我們就能計算出所有原子未來任何時間的位置與速度，任何萬事萬物都將是確定的；在它的眼前，未來就像過去一樣展開。」[58]事實上，在他將《機率的分析理論》(*Théorie analytique des probabilités*, 1812) 二版導讀長序另行出版為《機率的哲學小品》(*Essai philosophique*) 時，也明確指出：「未來的世界決定於世界的過去，若有人知道世界某一瞬間的數學知識，他就能描述未來世界的造化。」[59]

那麼，為什麼機械決定論的「效力」有時而盡？那是由於吾人有關宇宙的「不完美知識」(imperfect knowledge) 所致。這應該也可以解釋拉普拉斯何以出版《機率的分析理論》。數學史家達頓 (Lorrain

---

[55] 孔多塞在法國大革命爆發時，擔任法國科學院的祕書，後來在恐怖統治期間被捕下獄，在牢獄中自盡身亡。這段不幸插曲在數學小說《蘇菲的日記》中，有相當令人不忍卒讀的描寫。

[56] 據說當拉普拉斯將這部經典獻給拿破崙時，這位有數學素養的帝王問他為何在書中看不到上帝，拉普拉斯回答說：我的力學系統不需要上帝！

[57] 東野圭吾著有以此創作的小說《拉普拉斯的魔女》，同時有電影版可以欣賞。

[58] 參考、轉引 Strogatz，《無限的力量》，頁 294。

[59] 引克藍因，《數學史》中冊，頁 119–120。

Daston) 指出：十八世紀的機率論通常被詮釋為針對一個不完美知識的世界的合理性之計算 (calculus of reasonableness)。[60]數學史家波特 (Theodore Porter) 則進一步強調：啟蒙運動的思想家無所不用其極地應用與機會有關的數學 (mathematics of chance)，譬如，他們利用這種數學來演示天花接種的理性（思維）、證明如何在各類的（法律）證詞中分攤信念之程度，甚至去建立或排除聖經奇蹟的信念之智慧。孔多塞、拉普拉斯及卜瓦松 (Poisson) 針對陪審團的判決提出一種機率計算，以便達成一個公平的判決，此計算當然會考量陪審團的形式與人數而定。[61]

以上是有關十八、十九世紀有關機會或機率問題所引發的知識論議題。事實上，吾人對於骰子、點數等賭博問題的研究，是關注不確定性概念的起源。數學家試圖從隨機無常的博弈結果中，探尋不變而可預測的規則，以評估、克服必須面對的問題之不確定性。不過，在《數之軌跡 III：數學與近代科學》第 1.3 節提及（荷蘭）德威特 (de Witt) 的《與贖回債券相比之終生年金的價值》(*The Worth of Life Annuities Compared to Redemption Bonds*, 1671)，是數學史上第一本將機率理論應用到經濟問題上的著作。可見，機率也早已有了政治用途。當然，荷蘭傑出數學家惠更斯的研究則專注在點數問題上，顯然對其應用面向毫無興趣（參考《數之軌跡 III：數學與近代科學》第 3.2 節）。

另一方面，統計學的發展則一直與各式數據的處理與分析相關。當數據量小時，我們可以透過直覺與經驗記憶處理，然而當所考慮的數據量龐大時，記憶與經驗歸納不再可靠，於是需要透過系統性的記錄、資料蒐集、整理分析，找出規律或趨勢，作為日後決策用。因此，

---

[60] 引 Porter, *The Rise of Statistical Thinking: 1820–1900*, p. 71。

[61] 引同上。

統計學的起源與發展，的確可溯源到人口社會經濟、政治分權等治國之學，乃至於科學與天文測量，以及流行病的防治等實務。事實上，統計 (Statistic) 這個字的語意是指國家 (state)，由拉丁字根 status 衍生而來，原義為國勢學，亦即，有關國家基本情況的調查。此外，統計學也與人口相關的社會調查密切關連。在十七世紀，英國人開始探索統計在政治和社會生活中的用途。1662 年，葛蘭特 (Johnn Gruant) 調查倫敦人口死亡情況，出版《對死亡率的自然和政治觀察》，[62]其中記載倫敦每週及每年的數據，並陳述其觀察到的模式。1672 年，佩第 (William Petty) 出版《政治算術》(*Political Arithmetic*)，對政治經濟學進行大規模的數量化研究。

在十八世紀後，統計學從人口普查出發，開始關注出生、死亡、疾病、婚姻、衛生、犯罪、教育等社會議題。例如，十八世紀末的美國建國元勛將人口普查寫進憲法，基於納稅、服兵役、受國民教育等三大義務，賦予人口普查、兵籍調查、國家賦稅以及選舉人口調查之必要法源。憲法中要求人口普查至少每十年進行一次，依據各州人口數，平均分配參眾議院席次，亦即基於數據進行分權。除了人口普查外，醫學、社會經濟、貨幣、農業調查、推廣教育、統一重量與測量單位等，也都需要統計數據。例如 1825 年，美國費城的醫生統計新生兒數據資料，並製作分布表，比對小孩的身高、體重與頭圍，以掌握健康狀態。同時，透過統計資料，也有助於人們在手術前了解相關風險。

在統計與醫療疾病史的連結方面，流行病學的研究始於十九世紀

---

[62] 本書之（英文）書銜如下：*Natural and Political Observations Mentioned in a Following Index, and Made upon the Bills of Mortality*。

的倫敦，而其之所以有「質感」，乃是因為研究者注意到相關數據的分析。西元 1831 年後，霍亂在英國爆發四次大流行，造成十多萬人死亡。當時主流觀點認為霍亂是透過空氣傳播，並認為惡臭空氣是源頭。然而，醫生斯諾 (John Snow) 基於地圖上記錄的數據和統計資料，分析出水源乃霍亂散布的原因，進而有助於解決當時的流行病問題。流行病學的發展，阻止原因不明的傳染病蔓延，藉由人類健康與疾病的分布探索影響因素，延長了人類壽命。不過，公共衛生專家重視數據，則是基於統計學的思維所啟發。譬如，護理人員出身的南丁格爾 (Florence Nightingale, 1820–1910) 所發明的統計玫瑰圖 (coxcomb/polar-area diagram) 就足以顯示：以克里米亞戰爭為例，英軍傷亡於醫院傳染遠多於戰場砲火，因此，她疾呼醫院衛生條件必須大力改善。[63] 她的最大貢獻在於將各種不同的統計方法逐步引進醫學領域。因此，科學史大師柯恩 (I. Bernard Cohen) 在他的《數目的勝利》(*The Triumph of Numbers*) 中，特闢一個專章（亦即第 9 章），闡述、表揚她對統計學的巨大貢獻。

西元 1860 年，當第四屆國際統計會議 (International Statistical Congress) 在倫敦召開時，南丁格爾有機會見到比利時統計大師克妥雷 (Lambert Quetelet, 1796–1874)，後來，他們聯手推動統計學的研究與實務，這是一個重要的契機。西元 1819 年，克妥雷從剛創立的根特大學 (University of Ghent) 取得（首位）數學博士。不過，他早年多才多藝，在藝術、音樂及戲劇方面，都有不凡的表現，直到三十多歲時，在友朋的勸說下，他才放棄寫詩的嗜好。他曾經擔任薩克森—科堡—哥達王朝 (Saxe-Colberg and Gotha) 的兩位王子恩斯特 (Ernest) 與艾伯

[63] Grattan-Guinness, *The Rainbow of Mathematical Sciences*, p. 518.

特 (Albert) 之家教，他們兄弟都對數學學習興趣濃厚，艾伯特王子在 1860 年甚至應邀在（前述）第四屆國際統計會議發表主題演說，大大有助於克妥雷的統計學之推動工作。也正是由於這個會議，克妥雷得以會見南丁格爾，而成為後者仰慕的英雄與導師。南丁格爾精讀克妥雷的統計經典著作《社會物理學》(*Physique sociale*, 1869)，每一頁都留下閱讀筆記。她認為這本著作是「上帝意志的一種啟示」，因為儘管其觸及的人類行為之面向還相當有限，但是，該書已經呈現人類犯罪、自殺，以及婚姻的統計方面之規則，而這她認為正是代表吾人理解上帝與人之關係的開端。[64]

事實上，為了對人類行為進行概念性的分析，克妥雷早在 1835 年即在他出版的《有關男人與其才能發展之論著》(*A Treatise on Man and the Development of His Faculties*) 中創造一個「新物種」——平均人 (*L'homme moyen* / the average man)。針對這個「擬人」的概念，數學家兼普及作家德福林 (Devlin) 在他的《數學的語言》中強調克妥雷的洞識：「棣美弗經由分析隨機資料而發現鐘形曲線，高斯展現了它如何被應用在天文和地理測量上。然而，奎特列（克妥雷）將它帶進人類和社會的領域之中。它在鐘形曲線的中點找到他的平均人。在收集大量的資料後，他列出了平均人在各種不同群組－以年齡、職業、種族等分選－不同的身體、心智和行為特性。」[65]

克妥雷的統計學養也因為他曾經遊學巴黎而得以強化。他曾大力推動建立國家天文臺之計畫，當比利時政府通過此一計畫（比利時在 1830 年脫離荷蘭而獨立），他被任命為首任臺長。為此，他銜命前往

---

[64] 參考 Cohen, *The Triumph of Numbers*, p. 171。

[65] 引德福林，《數學的語言》，頁 376。

巴黎國家天文臺考察，以掌握軟、硬體設施的建臺細節。他當然趁此機會拜訪拉普拉斯、卜瓦松以及傅立葉。由於這三位傑出數學家都正在發展統計學的數學結構，譬如，前文提及拉普拉斯的《機率的分析理論》，就與天文或地理觀測資料的處理息息相關。同時，這部著作是在分析學的脈絡中完成，可見資料的來源十分多元，如何進行統計面向的分析，也需要相應的、多元的數學訓練。還有，拉普拉斯早在1774 年發表一篇有關事件之成因 (causes of events) 的論文，其中，他可能是獨立於貝伊斯 (Thomas Bayes, 1702–1761)，[66]而證明今日所謂的貝氏定理 (Bayes Theorem)。事實上，在《機率的分析理論》中，拉普拉斯儘管論述隱晦，但是使用生成函數 (generating function)，以及貝伊斯評估事後機率 (posterior probability) 的方法，都令人印象深刻。此外，他的《機率的哲學小品》也導出非常重要的中央極限定理 (central limit theorem)。[67]無怪乎儘管《機率的分析理論》書名只提及機率，而未提及統計學，然而，拉普拉斯還是被推崇為數理統計學的主要建構者之一。

現在讓我們拉回到南丁格爾身上。儘管她頗負盛名，但兩度申請牛津大學教席，卻都慘遭滑鐵盧。這種挫敗並未令她的支持者罷手，幾乎與她同一年代的高爾頓 (Francis Galton, 1822–1911) 就全力支持她的進路。高爾頓這位達爾文 (Charles Darwin, 1809–1882) 的表弟就對數據收集與分析非常熱衷，他廣發問卷給皇家學會會員（達爾文當

---

[66] 貝伊斯是英國非國教會牧師 (Nonconformist minister)，他利用業餘時間研究數學。其傳記可參考 https://mathshistory.st-andrews.ac.uk/Biographies/Bayes/。

[67] 拉普拉斯並未命名，此一名稱出自二十世紀的傑出數學家波利亞 (George Polya)，針對 central 這個字的意義，他取其「核心重要性」的意思。參考 Grattan-Guinness, *The Fontana History of Mathematical Sciences*, p. 382。

然是其中一員），請求他們就教育背景、個性、健康狀況、面相 (physiognomy) 以及科學興趣等項目仔細填寫，最後，他將這些資料精要彙整成《英國科學人》(*English Men of Science: Their Nature and Nurture*, 1875) 一書。其實，它的副標題——先天與後天——才是主旨，因為那是在達爾文世紀脈絡中的論述，而事實上，早在 1870 年，他就已經出版《遺傳的天才》(*Hereditary Genius*)，而到了 1883 年，他甚至還敲定「優生學」(eugenics) 一詞。[68]

無論如何，統計學得以在十九世紀開始從機率論的陰影中走出來，而成為數學領域中的一個獨立學門，高爾頓居功厥偉。他在優生學研究中發現遺傳因子有無數變因而無從控制。為了彌補此一不足，高爾頓發展了兩個創新的概念：迴歸 (regression) 與相關 (correlation)。「在 1890 年代，高爾頓的洞察力被愛爾蘭數學家愛格伍斯 (Francis Edgeworth)、以及倫敦大學學院的皮爾遜 (Karl Pearson) 和他的學生優爾 (G. Udny Yule) 所精鍊與延拓。優爾最後將高爾頓及皮爾遜的想法，發展成為迴歸分析中一個有效的方法論，其中他使用了勒讓德最小平方法的一種微妙的變形。這個進展為二十世紀遍及生物與社會科學中廣泛使用的統計方法鋪了路。」[69]

統計理論逐漸成熟時，其應用範圍也越來越廣。在二十世紀初期，就有統計學家哥薩 (William Gosset) 在愛爾蘭金氏 (Guinness) 黑啤酒

---

[68] 同上，pp. 518–519。

[69] 引柏林霍夫、辜維亞，《溫柔數學史》，頁 203。其中，我們以「高爾頓」（譯名）取代其「嘉爾頓」。其實，皮爾遜的貢獻還在於他敲定或普及一些目前我們所熟知的統計名詞如平均數、標準差、（某些）分布、以及（兩組數據之間的）相關係數。還有，直方圖及頻數多項式等圖示表徵，以及卡方檢定。參考 Grattan-Guinness, *The Fontana History of Mathematical Sciences*, p. 702。

釀造廠工作，由於雇員被禁止發表著作，哥薩只好在他的論文上署以假名 Student（學生）。他的精彩論文主要處理抽樣方法，從小樣本中提取可信賴的資訊之特別方法。[70]

最後，在數學領域中讓統計學紮實地立定腳跟的傑出統計學家，當推二十世紀初的費雪 (Sir Ronald A. Fisher, 1890–1962)。「因同時具有理論上及實務上的洞察力，費雪將統計奠基在嚴格的數學理論上，使之成為一個強而有力的科學工具。」他的《研究者的統計方法》(*Statistical Methods for Research Workers*, 1925) 及《實驗設計法》(*The Design of Experiments*, 1935) 都是劃時代的經典之作。在後者中，他提及一個十分有趣的研究插曲，值得我們引述：「在一個下午茶的聚會中，有一位女士宣稱，先倒茶再倒牛奶或是先倒牛奶再倒茶，這兩種順序會使茶嚐起來味道不同。在場大部分的男女都覺得這是荒謬的，但是，費雪立刻決定去檢驗她的主張。」如何設計一個實驗？這是針對這麼「無聊問題」的態度，而費雪則是身體力行！[71]

機率論源於博弈賭局，統計學則始於社會政治、人口國勢之學，而後發展成為密切關聯的兩個領域。統計學的成熟與發展固然以數學為理論基礎，但它的茁壯與應用，則與自然、社會科學密切關聯。

二十世紀後，推論統計的發展，使得統計學深入許多領域，成為研究以及解決問題的利器。有些問題與爭議，也能透過數據的收集與分析，來找出「最佳」答案。同時，統計學也是處理過多資訊的學問，透過「降維」以求化繁為簡，並在「準確」的前提下追求「簡效」。時至二十一世紀的今日，統計學幫助我們掌握現況、預測未來乃至洞悉

---

[70] 引柏林霍夫、辜維亞，《溫柔數學史》，頁 203。

[71] 引同上。

人類行為的因果關係，因此，相關應用與領域分支廣泛，包含政經社會統計、教育統計、心理統計、運動統計、商用統計、工業統計、生物統計、流行病學以及管理學等學門。至於近年來新興火紅的大數據與人工智慧，其相關技術也多仰賴統計學作為基礎。統計思維和讀寫能力一樣，終將成為良好公民所需具備的必要條件，亦將成為現代教育必備素養。

NOTE

第 4 章

廿世紀數學如何刻劃？

4.1　廿世紀數學史學概述

4.2　艾咪・涅特：為代數學開創全新進路的大師

4.3　拓樸學的興起

4.4　測度論與實變分析的現身

4.5　集合論與數學基礎

4.6　希爾伯特 23 個問題

4.7　費爾茲獎

4.8　電子計算機的歷史剪影

4.9　科學的專業與建制，以及民間部門的角色：美國 vs. 蘇聯

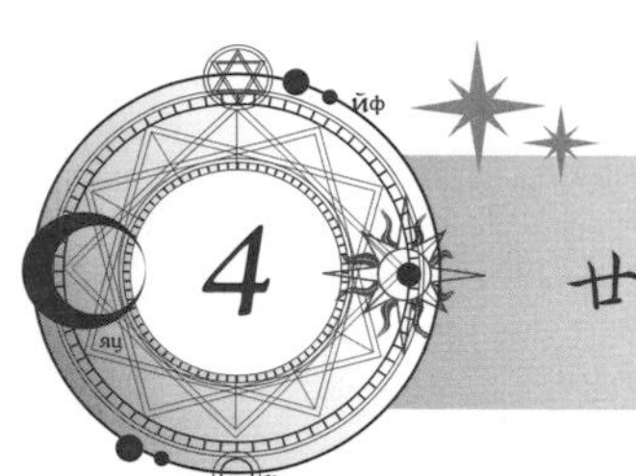

4 廿世紀數學如何刻劃？

4.1 廿世紀數學史學概述

對數學史通論的書寫來說，「刻劃二十世紀數學」的確是巨大的挑戰！例如數學史家波伊爾的《數學史》最後一章（第 XXVII 章）〈二十世紀的面向〉。這部著作首版於 1968 年，當時二十世紀才過半十八年，史學敘事儘管蓄勢待發，還是難以略窺二十世紀數學史的全貌，譬如費馬最後定理的證明，就是二十世紀即將結束前 (1995) 完成。但可以確定，波伊爾宣稱數學的黃金時代不只在古希臘，二十世紀的輝煌更是空前未有，從今日的後見之明來看，這當然是極為可靠的「預言」。

其實，只需要參照《數學評論》(*Mathematical Review*) 五十年的學門分類演化 (1940–1991)，即可知道廿世紀數學發展一日千里，說它是數學史的黃金年代，並非過譽之詞。《數學評論》創刊時，由美國數學學會（American Mathematical Society，簡稱 AMS）及美國數學協會（Mathematical Association of America，簡稱 MAA）共同贊助，並邀請哥廷根出身的奧地利數學史家諾伊格保 (Otto Neugebauer, 1899–1990) 擔任主編。[1]第 1 卷第 1 期（1940 年 1 月 1 日出刊）的目錄，就代表當時的學門 (discipline) 分類：

---

[1] 諾伊格保是科學史大師，專長是古巴比倫數學史與天文學史，對巴比倫泥板楔形（如普林頓 322）尤有深入研究成果。1939 年在德國創刊《數學文摘》(*Zentralblatt fur Mathematik*)，提供純粹數學及應用數學類別文獻的索引、文摘及評論文章。但隔年就移民美國。

代數
　抽象代數
數論
群論
分析學
　集合論、實變函數論
　複變函數論
　級數論
　傅立葉級數與分析、逼近論
　微分方程
　積分方程與泛函分析
　變分學
　動力學、天體力學、相對論
　連續體的力學 (mechanics of continua)
　機率論
　理論統計學 (theoretical statistics)
　機率論的應用、經濟學
　數學物理
　幾何學
代數幾何
　微分幾何
拓樸學
數值與圖形方法 (numerical and graphical methods)

根據這個分類判準，數學共有七大學門：代數、數論、群論、分析學、幾何學、拓樸學，以及數值與圖形方法。其中，有些還再細分為子學門，分析學所占的子學門最多，顯見它是超級時髦的主流學門，尤其也將機率與統計包括在內。

這個分類判準過了五十年，到了西元 1991 年時，學門數目已經從原先相當「陽春」的 7 個擴張到 94 個，[2]這非常足以見證廿世紀數學的無盡風華，堪稱是數學史上的黃金時代。

接著，我們再看數學家／史家史楚伊克有關廿世紀數學發展的「證詞」。他的《簡明數學史》修訂第四版 (1987) 增補第 IX 章〈二十世紀上半葉〉，[3]作為他對二十世紀數學史的簡短「現身說法」。在總結十九世紀數學史論述時，他說：「二十世紀數學已經遵循它自己的嶄新路徑邁向榮耀」。事實上，相較於西元 1800 年的數學家如拉格朗日、達倫貝爾 (D'Alenbert) 等人有關「數學礦脈開挖殆盡」之悲觀論調，[4]二十世紀的數學大師希爾伯特就樂觀多了，他在 1900 年巴黎舉行的國際數學家會議（International Congress of Mathematicians，簡稱 ICM）中所規劃的 23 個問題或研究綱領，就是最好的見證（詳第 4.6 節）。事實上，這也是史楚伊克《簡明數學史》(1987) 的第 IX.2 節主題，他先是在第 IX.1 節介紹數學在十九、二十世紀之交的建制。從第 IX.3 節到第 IX.16 節，他以傑出數學家為例，藉以簡述新學門（譬如實變分

---

[2] 到西元 1991 年，《數學評論》與《數學文摘》的學門數目已經多達 94 個。參考 Grattan-Guinness, *The Fontana History of the Mathematical Sciences*, p. 722。

[3] 此書光是紐約 Dover 出版公司的版本，就依序有 1948, 1967, 1987 三版。有關本書之書評，可參考 Rowe, "Looking Back on a Bestseller: Dirk Struik's *A Concise History of Mathematics*"。

[4] 參考 Struik, *A Concise History of Mathematics*, pp. 136–137。另外，也參考克藍因，《數學史》中冊，頁 265。

析、數學基礎、微分幾何與張量分析）的湧現及發展，另一方面，則交代「老牌的」數學大國如德國與法國，以及新崛起的美國與（前）蘇聯之數學發展，當然，也涵蓋英國、義大利、瑞士、荷蘭、奧地利、匈牙利、比利時，以及斯堪地那維亞地區國家，甚至東亞的日本。他的目的，當然是要強調數學發展不再是文藝復興以來少數國家的專利，儘管他們還是培養出較多的頂尖數學家。[5]

在我們經常參考引用的數學史著述中，卡茲的《數學史通論》(2004) 及葛羅頓一吉尼斯的《數學彩虹》(1997) 也都是擁有豐富深刻的數學與歷史雙重洞識之經典作品，它們也都納入有關二十世紀數學的篇章，值得在此介紹，藉以拓寬我們的數學史國際視野。

卡茲在他的《數學史通論》（第 2 版）第 18 章〈20 世紀的數學〉一開始，就引述外爾 (Hermann Weyl) 紀念涅特的話，以及有關四色定理的計算機證明之評論，他隨即說明如何「發現」二十世紀數學的蓬勃發展：「隨便看一下數學主題的研究圖書館，都可以發現二十世紀的數學成果，遠遠超過以前各個世紀的總和，那堆滿書架的數學雜誌，絕大部分始創於這個世紀。甚至在十九世紀時最有威望的那些期刊中，比如《克雷爾期刊》或《劉維爾期刊》，二十世紀的部分也占據了它們大部分的篇幅。」[6]不過，由於目前大學數學系的課程內容的大部分，都是根據十九世紀或更早發展的題材編寫，因此多數人對二十世紀的數學認識，多半停留在相當膚淺的層次。[7]為了彌補此一不足，卡茲

---

[5] 有關《簡明數學史》，數學史家羅伊 (David Rowe) 的精彩書評值得參考。Rowe, “Looking Back on a Bestseller: Dirk Struik’s *A Concise History of Mathematics*”。

[6] 引卡茲，《數學史通論》（第 2 版），頁 626。引文略加修飾。

[7] 以自身在數學系就讀經驗為例，直到大三時自修塞爾日・藍 (Serge Lang) 的《分析學》(*Analysis*) 而接觸到賦範空間 (normed linear space) 之後，才大大打開了數學眼界。

在他的〈20 世紀的數學〉中，就聚焦於四個精選的主題：集合論、拓樸學、代數方面的新思想，以及計算機及其應用。[8]事實上，這些主題也大致符合我們的 4.2–4.5 及 4.8 各節內容所聚焦。

相較之下，數學史家葛羅頓—吉尼斯有關二十世紀數學的論述之規模——《數學彩虹》第 16 章，就大得多了，儘管他只納入 1900–1914 年間的故事而已。其實，我們只需觀察他所列出的數理科學（mathematical sciences，含力學、數學物理）之傑出人物名錄，就可以略知一二：不列顛有四位、美國有十位、義大利有四位、法國有十位、德國有十五位、匈牙利有四位、其他國籍的則有十位，其中我們可能較為熟悉的傑出人物有愛丁頓 (Eddington)、哈代 (Hardy)、李特爾伍德 (Littlewood)、羅素 (Russel)、柏克霍夫 (G. D. Birkhoff)、迪克遜 (Dickson)、摩爾 (Moore)、維布倫 (Veblen)、列維—奇維塔 (Levi-Civita)、沃爾泰拉 (Volterra)、貝爾 (Baire)、波瑞爾 (Borel)、法圖 (Fatou)、哈達馬 (Hadamard)、勒貝格 (Lebesgue)、卡拉西奧多里 (Caratheodory)、郝斯多夫 (Hausdorff)、藍道 (Landau)、普蘭克 (Planck)、外爾 (Weyl)、哲美羅 (Zemelo)、里斯 (F. Riesz)、布勞威爾 (Brouwer)、愛因斯坦 (Einstein)、哈恩 (H. Hahn)、德・拉・瓦萊・普桑 (de la Vallée Poussin)、馮・米澤斯 (von Mises) 等等。前述數學家中有一些曾貢獻希爾伯特 23 問題的求解，葛羅頓—吉尼斯也在相關的脈絡中，提供了簡要的說明，請參考第 4.6 節。

不過，葛羅頓—吉尼斯的《數學彩虹》與波伊爾、史楚伊克的通史敘事稍有差異，他看起來並沒有那麼重視「**希爾伯特 23 問題**」的意義，還有，或許由於斷代於 1914 年，那 23 問題之大部分都尚待解

---

[8] 引卡茲，《數學史通論》（第 2 版），頁 626–663。

決，因此，葛羅頓－吉尼斯並未申論艾咪・涅特開創抽象代數的重大貢獻。有鑑於涅特對於二十世紀數學發展的重大貢獻，我們特別在下文第 4.2 節簡介她的生平事蹟，以及她對數學「代數化」(algebraization of mathematics) 的不朽貢獻。[9]

本節最後，讓我們簡要瀏覽數學史家克藍因的廿世紀數學史敘事。[10]有關這部堂皇巨著（全書共五十一章），由於我曾參與部分中譯，因而有比較特殊的感觸。[11]該書論及二十世紀的章節，共有九章（第 43–51 章），其目錄依序是：〈1900 年代的數學〉、〈實變函數論〉、〈積分方程〉、〈泛函分析〉、〈發散級數〉、〈張量分析與微分幾何〉、〈抽象代數之興起〉、〈拓樸學的起源〉，以及〈數學基礎〉。第 43 章〈1900 年代的數學〉與第 18 章〈1700 年代的數學〉、第 26 章〈1800 年代的數學〉內容「平行」，都有回顧與前瞻的論述與敘事，是克藍因通史的特色。此外，第 47 章〈發散級數〉的安排，也顯得相當特殊，儘管主要內容是藉以處理一些逼近問題。還有，全書最後一章——第 51 章的〈數學基礎〉則是企圖在基礎危機問題的論述上，演示數學知識活動的價值與意義。克藍因的封關之作《數學：確定性的失落》(*Mathematics: The Loss of Certainty*) 顯然就是運用一個更加融貫 (coherent) 的論述，來說明人類對數學真理的永恆追求。

綜合上述，我們有關廿世紀數學史的論述與敘事，就斷代在中葉為止。至於學科的發展就只包括拓樸學的興起、測度論與實變分析、

---

[9] 這一提法應該意在呼應外爾斯特拉斯的「分析算術化」(arithmetization of analysis)。

[10] 為了避免含混，我們將 Klein 中譯為克萊因（數學家），Kline 中譯為克藍因（數學史家）。

[11] 主譯規劃者林炎全及其他兩位合譯者張靜嚳、楊康景松，都是臺灣師大數學系 60 級的同窗好友。

集合論與數學基礎，以及電子計算機，這些主要是在該世紀（大力）發展的數學分支。此外，除了特別介紹指標性人物艾咪・涅特之外，我們還運用「希爾伯特 23 個問題」（第 4.6 節）、「費爾茲獎」（第 4.7 節）這兩個主題，來說明數學知識活動的國際化。至於美國、蘇聯乃至這兩個冷戰陣營之競爭，也對數學的專業 (profession) 與建制 (institution) 造成極大影響。所有這些對數學史的論述或敘事帶來更多的挑戰，不過，我們非常樂意面對，因為我們始終是在延續「說數學故事」這個極為古老的文化傳統。

4.2 艾咪・涅特：為代數學開創全新進路的大師

美國數學家柏克霍夫 (Garrett Birkhoff) 在評論 1936–1950 年間的抽象代數崛起故事時，[12]曾經指出：

> 如果艾咪・涅特有幸在 1950 年的國際數學家會議上現身，那麼，她一定會感到非常自豪。她的代數已經在當代數學中成為核心的概念。而且，它也繼續啟發一直以來的代數學家。[13]

這個評價出現在 1976 年，可見涅特的影響力方興未艾。事實上，數學史家克萊納在他的《抽象代數史》(*A History of Abstract Algebra*) 中，就強調：涅特引進的概念、她獲得的結果，以及她所推動的代數思維模式 (mode of thinking)，都已經成為我們的數學文化之一環了。

---

[12] 柏克霍夫是 1950 年美國主辦國際數學家會議 (ICM) 的主席。至於 1936 年則是涅特去世後的隔年。

[13] 轉引 Kleiner, *A History of Abstract Algebra*, p. 101。

圖 4.1：艾咪・涅特

事實上，針對艾咪・涅特的地位為何如此重要，史家克萊納藉由十九世紀的代數史之回顧，提供了相當具有洞識的說明，值得我們在此引述。他先是指出：諸如高斯、伽羅瓦、約當 (Jordan)、克羅內克 (Kronecker)、戴德金 (Dedekind) 以及希爾伯特等傑出數學家在二次式、分圓 (cyclotomy)、體擴張 (field extension)、置換群、代數數體中的整數環之理想 (ideals in rings of algebraic number fields)，以及不變量理論方面，都有巨大貢獻。不過，所有這些都離不開「具體的」實數或複數。此外，即使這些都是代數上的重要成果，但是，「從整個十九世紀的數學研究方案來看，它們都還被視為次要的 (secondary) 貢獻」。「在那個世紀，主要的數學領域是分析學（複變分析、微分方程、實變分析），及幾何學（射影、非歐、微分與代數幾何）。然而，在 1920 年代涅特及其他數學家的研究工作之後，代數遂成為數學領域中的核心學門。」[14]

[14] Kleiner, *A History of Abstract Algebra*, p. 91.

艾咪・涅特的學術生涯幾乎依序重疊了她投入的四個研究主題：不變量理論 (1907–1919)、交換代數 (1920–1929)、非交換代數與表現理論 (1927–1933)，以及非交換代數應用到交換代數的問題 (1932–1935)。[15]因此，除了群理論本身之外，她大概經手過十九世紀到二十世紀早期的主要代數研究主題。

由於艾咪・涅特研究不變量理論時，尚未離開家鄉埃爾朗根 (Erlangen)，因此，她的故事要從埃爾朗根大學城說起。她的父親馬克斯・涅特 (Max Noether) 是該大學教授，著名的代數幾何專家。艾咪幼年並未展現特殊的數學天分，中學主修英文與法文。她喜歡下廚、洗衣和逛街採買，也喜愛跳舞但不喜歡練習鋼琴彈奏，就像十九世紀德國中產階級家的鄰家女孩一樣平凡。數學家外爾 (H. Weyl) 說她的本性並不是反叛型的，形容「她溫和得像一團麵包，從她身上，很自然地，就有一股寬大的、舒暢的，以及生氣盎然的溫馨散發出來」。[16]但是，由於家中訪客經常滿座談笑風生的「鴻儒」，因此，可能是在這種無形的薰陶之下，而培養出她的數學品味。事實上，她的弟弟佛利茲 (Fritz Noether) 也步上父親的後塵而成為數學家。這多少可以解釋：為何她後來進入埃爾朗根大學就讀，而且指導教授就是常在她家串門子的（世伯）哥爾丹 (Paul Gordan)。

埃爾朗根大學曾經是克萊因任教的大學，他在 1872 年就任教授職位時，按慣例發表一場演講，同時，也另外附帶一篇論文，亦即大名鼎鼎的〈埃爾朗根綱領〉(*Erlanger Programm*)，它揭示一個研究計畫，

---

[15] 這個分期是數學史家克萊納的看法。參考 Kleiner, *A History of Abstract Algebra*, pp. 91–102。

[16] 引 Osen，《女數學家列傳》，頁 142。

以變換群 (transformation group) 的不變量來分類各種幾何學，請參考第 3.4.1 節。可見，埃爾朗根大學與不變量理論關係匪淺。當然，不變量理論必須追溯到高斯對於二次式 (quadratic form) 的判別式的不變性之研究，請參考第 3.4.4 節。在 1820 年代，如何區別幾何圖形的歐幾里得性質 vs. 射影性質，也激勵數學家探討射影變換下「不變」的射影性質。至於不變量理論的「形式」(formal) 研究，則始自 1840 年代，英國數學家凱萊 (Arthur Cayley) 與西爾維斯特 (James J. Sylvester) 研究賦距幾何 (metric geometry) vs. 射影幾何 (projective geometry) 的深層連結。其後，不變量開始脫離幾何的牽絆而成為一個獨立的學門，其核心問題當然就是尋找各種「式」(form) 的不變量。譬如，涅特在哥爾丹的指導下，在 1907 年完成了博士論文〈論三元四次式不變量的完備系統〉，[17]這篇論文沿襲哥爾丹的算則 (algorithmic) 進路，最後，她還附上一張表列出這樣一個「式」的 331 個不變量之完備系統。涅特後來自我解嘲說：她的論文像「公式的叢林」一樣。相對於哥爾丹的計算式之研究進路 (computational approach)，希爾伯特於 1888 年提出了一種震撼數學界的概念式進路 (conceptual approach)，他證明這個所謂的基礎定理 (Basis Theorem)：給定有限多個變數且係數在一個體之中的多項式所構成的環。它的每一個理想 (ideal) 都具有一個有限的基底 (a finite basis)。此一定理的一個系理就是：給定任意次數、無論多少變數的每一個式 (form)。它的不變量具有一個有限的完備系統 (a finite complete system)。

西元 1910 年，哥爾丹從埃爾朗根大學退休，他的職位隨即由菲舍爾 (Ernst Fischer) 取代，後者也是不變量理論專家，但他研究的進路，

---

[17] 英文標題如下：On Complete System of Invariants for Ternary Biquadratic Forms。

是採取希爾伯特式的。或許正因為如此，涅特最終改變她研究不變量的進路，從「算則式」改為「概念式」。事實上，在 1908–1919 年間，她對代數不變量和體 (field) 的領域做了重大的貢獻。在變分法中的微分不變量 (differential invariants) 方面，她所證明的「**涅特定理**」就成為了現代物理學發展歷程中，最重要的的數學定理之一。事實上，亞歷山德羅夫 (P. Alexanderov, 1896–1982) 就高度推崇，他說光憑 1918 年這一篇〈不變量的變分問題〉(*Invariant Variational Problems*)，就足以為涅特贏得第一流數學家的崇高地位。數學史家羅伊 (David Rowe) 與克羅伯 (M. Koreuber) 在他們合著的《按她的方法來證明》(*Proving It Her Way: Emmy Noether, a Life in Mathematics*) 中，也清楚指明：涅特在廣義相對論研究之重要貢獻，直到現在才獲得學界真正的理解。他們也批評上述有關她的學術生涯之分期方式，很容易讓史家認為她的最早期研究，只是暖身階段而已。[18]

西元 1915 年，希爾伯特和克萊因邀請她到哥廷根大學數學系任教，目的是希望她來協助數學家處理與相對性 (relativity) 一般理論有關的微分不變量 (differential invariants) 問題。但她的聘任遭受哲學系教授的反對。涅特因此必須借用希爾伯特的名義開課，時間長達四年之久。1919 年，涅特終於獲得特許任教資格和講師的頭銜。西元 1924 年，荷蘭數學家范德瓦爾登 (van der Waerden) 加入了涅特的研究團隊，他在 1931 年出版經典教科書《近世代數》(*Modern Algebra*)，[19] 納入她與阿廷 (Emil Artin) 的研究成果，對於後代的數學家，影響極為深遠。[20]

---

[18] 參考 Rowe & Koreuber, *Proving It Her Way*, pp. vii–viii, 20。

[19] 其中包括「線性代數」一章，為大學（代數）教科書首見，已在第 3.4.4 節說明。

哥廷根大學是當時國際數學界的「麥加」，全世界年輕數學家前來朝聖絡繹不絕於途，參加她的書報討論班 (seminar) 的名單如下所列：

・荷蘭：范德瓦爾登 (van der Waerden)
・奧地利：陶斯基 (Olga Taussky)、科特 (Gottfried Kothe)
・日本：高木貞治 (Teiji Takagi)、正田建次郎 (Kenjiro Shoda)
・法國：韋伊 (Andre Weil)、謝瓦萊 (Claude Chevalley)
・蘇聯：施密特 (Erhard Schmidt)、格爾豐德 (Alexander Gelfond)、亞歷山德羅夫 (Pavel Alexandrov)、科摩哥洛夫 (Andrey Kolmogorov)、烏雷松 (Pavel Urysohn)
・波蘭：庫拉托夫斯基 (Kazimierz Kuratowski)
・美國：麥克蘭 (Saunders MacLane)、柏克霍夫 (G. D. Birkhoff)、維納 (Norbert Wiener)、萊夫舍茨 (Soloman Lefschetz)
・來自德國各地大學：
阿廷 (Emil Artin)、哈斯 (Helmut Hasse)、布勞爾 (Richard Brauer)、西格爾 (Carl Siegel)、馮紐曼 (John von Neumann)。[21]

其中，她與范德瓦爾登的密切關係已如前一段說明，事實上，范德瓦爾登還回憶說：有一次他提交了一篇論文給涅特，結果沒多久就被告知該文已經被《數學年鑑》(*Mathematische Annalen*) 所接受。後來，他從葛瑞爾 (Grell) 處得知涅特早在多年前課堂上提出同一結果。[22]其

---

[20] 參考 Kleiner, *A History of Abstract Algebra*, pp. 99–101。

[21] 這份名單取自 Kleiner, *A History of Abstract Algebra*, p. 159。

[22] 葛瑞爾 (Heinrich Grell) 是涅特與藍道共同指導的學生。

他的數學家後來也都能獨當一面，在抽象代數（及其相關面向）的舞臺上發光發熱。這可以解釋何以柏克霍夫會那麼生動地「見證」1950 年的抽象代數之蓬勃發展。

涅特的博士生也包括中國留學生曾炯，[23]此外，還有杜林 (Max Kleiner Deuring)、費汀 (Hans Fitting)、葛瑞爾 (Heinrich Grell)、列維茨基 (Jacob Levitzki)、威特 (Ernst Witt) 等，[24]都被暱稱為「**涅特男孩**」。[25]他們經常到她家作客，一起散步聊天，[26]甚至在晚課後，她和訪問學者、研究生踩過陰冷、潮濕而骯髒的哥廷根街道，還興高采烈地討論未完的數學話題。

上一段有關涅特及其學生的互動，主要參考克萊納的《抽象代數史》。我們根據史家羅伊 (Rowe) 與克羅伯 (Koreuber) 的《按她的方法來證明》來補充一些更生動的情節。這主要是出自日本數學家正田建次郎 (Kenjiro Shoda, 1902–1977) 的回憶。

正田建次郎就學東京大學時，接受名師高木貞治 (Teiji Takagi) 的指導。由於高木出身哥廷根，是希爾伯特的學生之一，因此，他推薦

---

[23] 曾炯 (1898–1940) 是中國江西人，他在江西高等師範學校就學時，受業於知名數學家陳建功，後考取庚款赴哥廷根留學，投入涅特門下，學習抽象代數，並於 1934 年榮獲博士學位（當時涅特已被納粹驅逐到美國）。曾炯畢業後即返國任教，不幸於 1940 年病故。

[24] 還包括下一段即將介紹的日本數學家正田建次郎。

[25] 有關涅特的學生名單，下列資料來源並不一致：Kleiner, *A History of Abstract Algebra*, p. 161; https://mathshistory.st-andrews.ac.uk/Extras/Noether_students/，以及 Mathematics Genealogy Project https://www.genealogy.math.ndsu.nodak.edu/id.php?id=6967。

[26] 他們還喜歡一項體育活動，那就是游泳。亞歷山德羅夫 (Alexanderov) 與烏雷松 (Uryson) 前往荷蘭路過法國的布列塔尼 (Brittany)，烏雷松在海邊游泳溺死。他英年早逝，震驚了當時歐洲數學界。

正田建次郎與末綱恕一 (Zyoiti Suetuna) 到哥廷根留學。不過，末綱主要興趣在解析數論，於是，他追隨藍道 (Landau) 學習，返日後在東京大學數學系創立書報討論班，並繼任高木退休後所留下的教授職位。另一方面，正田建次郎到哥廷根之前，先到柏林大學跟舒爾 (Issai Schur) 學習一年，1927 年再轉到哥廷根，原先的目的是參加希爾伯特的討論班，不過，由於他打算專攻代數，所以，或許這是他後來去敲涅特公寓大門的背景吧。當時他從未耳聞涅特其人其事，因此，他顯然被涅特「粗獷外表」給嚇了一跳。涅特已經從舒爾處得知他的學習近況，所以，即使只是初次見面，涅特還是連珠砲地、但態度和藹地敦促他研讀代數學家施泰尼茲 (Ernst Steinitz) 與克魯爾 (Wolfgang Krull) 等人著作，以便參加她的討論班。

正田建次郎在涅特公寓不遠處租屋居住，因此，他可以陪伴涅特步行一段不算短的路程，前往校園上課。在步行途中，涅特總是將當天要討論的材料，口述跟他說明。由於抽象代數要是缺乏符號的視覺表徵之輔助，往往很難理解或掌握，即使涅特總會給他「小抄」，但還是難如登天。好在這也算是一種預習，正田在討論班上再聽一遍時，已經多少可以掌握知識內容。其實，師徒之間這種一邊散步、一邊談論數學的「教學方式」，學生總是可以分享老師靈光一閃的數學洞識。即使到了 1975 年，正田建次郎仍然可清晰地回憶涅特一個有關證明的插曲。涅特指出：想要證明 a, b 兩實數相等，光是證明 $a \geq b$ 及 $a \leq b$ 是不夠的，我們必須更進一步尋求 $a = b$ 所以成立的真正理由。[27]

西元 1929 年，正田返回日本。後來，擔任新創立的大阪大學之數

---

[27] 參考 Rowe & Koreuber, *Proving It Her Way*, p. 105。

學教授，並在六年後升任校長。同時，他也在 1932 年出版《抽象代數》(*Abstract Algebra*)，成為范德瓦爾登的《近世代數》之外，宣揚涅特代數研究進路的另一套暢銷的經典教本。[28]

現在，讓我們說明涅特的交換代數時期 (1920–1929) 為何重要。這是她的兩篇傑出論文所締造的重要發展：

- 〈環內的理想理論〉(1921)[29]
- 〈代數數體及函數體中的理想理論之抽象建構〉(1927)[30]

原來，儘管環的抽象定義早在 1914 年即由弗朗克爾 (Abraham Fraenkel, 1891–1965) 所給出，然而，環論主題還是離不開「具體的」多項式環、代數整數環以及超複數環，其中戴德金 (Dedekind) 的貢獻尤其巨大。明確地說，涅特在她的 1921 年論文中，將希爾伯特等人有關「多項式環」的準質分解 (primary decomposition) 結果，延拓到任意「抽象環」也能成立，但是這個抽象環要有一個升鍊條件（ascending chain condition，簡稱 *a.c.c.*）。這樣的環也因此稱之為涅特環 (Noetherian ring)。

至於在 1927 年的論文中，涅特則在抽象環的架構上，分別在代數數體的整數環及函數體中，討論戴德金 (Dedekind) 及韋伯 (Weber) 將理想分解成質理想 (prime ideal) 的唯一乘積之結果。特別地，她還刻劃出一種抽象交換環，其中每一個非零的理想都是質理想的唯一乘積。

---

[28] 參考同上，p. 107。

[29] 論文題目的英譯版為 “Ideal Theory in Rings”。

[30] 引 Rowe & Koreuber, *Proving It Her Way*, p. 226。該論文題目的英譯版為 “Abstract Construction of Ideal Theory in Algebraic Number Fields and Function Fields”。

這種環目前就稱之為戴德金域 (Dedekind domain)。顯然由於涅特的啟發，阿廷 (Artin) 也在 1927 年將韋德伯恩 (Wedderburn) 的一些（代數）結構定理，延拓到非交換環，但這些環需要一種降鍊條件（descending chain condition，簡稱 *d.c.c.*）。他證明這樣的環（具有零根基 zero radical）——現在稱之為阿廷環 (Artinian ring) 可以分解為單環的直和 (direct sum of simple rings)。

涅特這種劃時代的貢獻，尤其是她特別凸顯環、模、理想，及 *a.c.c.* 等抽象代數的基本概念，讓環、群、體得以三足鼎立，而構成今日抽象代數課程的主體內容。外爾特別注意到涅特的「大器晚成」，因為到 1920 年代她的才學大爆發時，她已經過了不惑之年。不過，外爾顯然未曾注意到涅特在她學術生涯第一階段的重大貢獻。事實上，她當時在埃爾朗根大學雖然沒有任何「身分」或地位、而只是在擔任博士後的工作，但是，她已經開始指導博士生了。

西元 1932 年，由於涅特在抽象代數上的造詣名揚四海，而應邀在瑞士蘇黎世召開的國際數學家大會上發表大會演說，她的論文題銜是：超複數系統及其與交換代數及數論之關係。[31]這個演講意在提出一個研究綱領，將非交換代數的研究導向交換代數。其中，超複數系統——企圖在三維空間建立一個數系的最經典例子，[32]就是漢米爾頓發現的四元數，事實上，那也是非交換代數的重要例子。在這篇講稿中，涅

[31] 該講稿題目之英文版為 “Hypercomplex System and Their Relations to Commutative Algebra and Number Theory”。

[32] 克萊納在他的《抽象代數史》的第 7 章中，提供了一個 HPM 課程，其中有一個問題（單元）是 “Papa, can you multiply triples?”，這個提問出自漢米爾頓的兒子，當時漢米爾頓正在苦思三維數 (triples) 的可能性。最後，他發現了四元數。參考 Kleiner, *A History of Abstract Algebra*, pp. 108–109。至於絕對有助於我們理解「三維數」的最佳數學普及讀物，則非結城浩的《數學女孩祕密筆記：複數篇》莫屬。

特所提及的商集 (factor set) 概念，隨即被哈斯 (Hasse) 及謝瓦萊 (Chevalley) 運用，而獲得類體論 (class field theory) 領域中的一個主要結果。後來，她也得證（被認為是此一領域的最高成就）所謂的阿伯特－布勞爾－哈斯－涅特定理 (Albert-Brauer-Hasse-Noether Theorem)，那就是：布於代數數體的有限維可除代數 (division algebra) 的一個完備描述。

正當涅特的同時代數學家尚待消化她（前引的）那兩篇經典論文時，她又在 1929 年發表〈超複數與表現理論〉。[33]超複數系統始自漢米爾頓在 1843 年所引進的四元數。在十九世紀即將結束時，嘉當 (Elie Cartan)、弗羅貝尼烏斯 (Georg Frobenius) 以及莫林 (Teodor Molien) 給出這些系統布於實數或複數的結構面向定理 (structure theory)。然而，上文曾提及的韋德伯恩 (Joseph Wedderburn) 將這些定理延拓到實數或複數被任意體取代的情況。這些成果都是針對抽象群的研究，由於「**抽象**」，所以數學家都聚焦在相對「**具體**」的群表現 (group representation) 上。涅特在她的論文中，是按照超複數系的結構理論，來架構群表現理論。至於她的進路中的主要工具，則是模 (module)。如此一來，給定一個群，它的兩個表現等價之充要條件是它們的表現模 (representation modules) 同構，還有，一個表現不可約 (irreducible) 之充要條件是它的表現模是單純的 (simple)。總之，模理論的技巧與超複數系的結構理論，可以用來重鑄群表現理論的基礎。[34]

西元 1928–1929 年，涅特應邀到莫斯科擔任客座教授，對於蘇聯年輕世代的數學家影響深遠。事實上，從 1923 年夏天開始，蘇聯數學

---

[33] 論文題目之英譯版為 “Hypercomplex Numbers and Representation Theory”。

[34] 參考 Kleiner, *A History of Abstract Algebra*, p. 97。

家亞歷山德羅夫每年總會帶幾個年輕學者如烏雷松 (Urysohn, 1898–1924)、科摩哥洛夫 (Kolmogorov, 1903–1987)、龐特里亞金 (Pontryagin, 1908–1988)、格爾豐德 (Gelfond, 1906–1968) 到哥廷根訪問。他們都成為涅特書報討論班的座上客，也分享譬如集合論、測度論 (measure theory) 以及拓樸學等研究成果。[35]其中，龐特里亞金的拓樸學研究，更是因而從組合 (combinatorial) 轉向代數進路，[36]可參考亞歷山德羅夫的見證：「涅特對於龐特里亞金發展他的數學天分之影響並不難追溯，龐特里亞金著作的強烈代數傾向，無疑大大受惠於他與涅特的連結。」[37]

西元 1933 年，德國納粹政府下令禁止猶太人擔任大學教職。涅特被迫移居美國，因外爾的推薦，她有幸到賓州布林莫爾 (Bryn Mawr) 學院擔任兩年的客座教授，在那裡重整研究隊伍，共有三位博士後（包括來自奧地利的陶斯基 Olga Taussky）及一位博士生追隨她，逐漸恢復她的研究能量。這幾位女士也獲得「**涅特女孩**」之暱稱。此外，她固定每週到普林斯頓高級研究院主持代數書報討論。1935 年，她因卵巢囊腫接受手術，四天後不治，享年五十三歲。

---

[35] 參考康明昌，〈Emmy Noether 與 Richard Courant〉。

[36] 抽象代數的精神是以概念式的思維取代冗長的計算。例如，在早期的組合拓樸學中，數學家都努力計算貝堤數 (Betti numbers)，涅特提議用同調群 $H_q(X, Z)$ 代替貝堤數 b_q，並且指出：給定 $f: X \to Y$ 是拓樸空間 X, Y 之間的連續函數，則 f 自然誘導的同態映射 $f^*: H_q(X, Z) \to H_q(Y, Z)$ 蘊含更多訊息。參考康明昌，〈Emmy Noether 與 Richard Courant〉。

[37] 轉引 Kleiner, *A History of Abstract Algebra*, p. 101。按：龐特里亞金十四歲時因萬用油爐爆炸導致失明，靠母親悉心照顧，以及亞歷山德羅夫的長期栽培，而成為一代數學大師。我年輕時閱讀他的經典《拓樸群》(*Topological Group*)，印象十分深刻。他的簡略生平事蹟可參考康明昌，〈Egorov 與 Luzin〉。

拓樸學的興起

拓樸學在二十世紀的重要發展，[38]從組合拓樸學 (combinatorial topology) 轉向代數拓樸學 (algebraic topology)，可說是得力於涅特的代數思維之啟發。雅各布森 (Nathan Jacobson) 曾指出：亞歷山德羅夫與霍普夫 (Heinz Hopf) 所以開創代數拓樸學，完全是涅特的「勸說」：

> 就如同已廣為人知之事，正是涅特說服亞歷山德羅夫與……霍普夫將群論引入組合拓樸學，然後，按群論名詞去構造當時已經有的單純形同調理論 (simplicial homology theory)，藉以取代更具體的關聯矩陣 (incidence matrices) 之架構。[39]

亞歷山德羅夫與霍普夫合著的《拓樸學》(*Topologie*, 1935)，也是該學門的教科經典。

不過，拓樸學的起源可以追溯到龐加萊 (Henri Poincare, 1854–1912) 於 1895 年出版的《位置解析》(*Analysis situs*)。其書名並未出現「**拓樸**」一詞。這個名詞最早出現在利斯廷（J. B. Listing, 1808–1882，高斯的徒弟之一）的《拓樸學導論》(*Introductory Studies in Topology*, 1847) 中，更不必說在歐拉、莫比烏斯 (Mobius) 以及康托爾的著作中，也處理一些拓樸問題（後文將簡略交代）。然而，首次將其知識系統化

---

[38] 參考克藍因，*Mathematical Thought from Ancient to Modern Times* 第 50 章 “The Beginnings of Topology”。

[39] 轉引 Kleiner, *A History of Abstract Algebra*, p. 100。按雅各布森在 1935–1936 年曾應聘到涅特生前任教的布林莫爾學院。

呈現的，則非龐加萊的著作莫屬。[40]由於在龐加萊之前，二維的流形（manifold，亦即曲面）已經有了深入的研究，譬如利斯廷、莫比烏斯以及黎曼等等，都有重要的貢獻。[41]因此，在尋找可應用在更高維流形的拓樸不變量之最早幾個數學家，龐加萊正是其中之一。「為此，他協助建立了現在稱為代數拓樸學的一個拓樸學分支；其中，他企圖利用代數的概念來分類和研究流形。」[42]

然而，龐加萊對於點集拓樸學 (point-set topology) 毫無興趣，或許對他的直觀主義立場來說，許多點集與康托爾的「實無窮」（對他而言是「病態」的）概念有關，因此，他對拓樸學的注意力，都集中到所謂的**「組合拓樸學」(combinatorial topology)** 上。這個學門主要研究空間配置結構 (spatial configuration) 在連續的一對一變換下不變的內稟性質 (intrinsic qualitative) 之相關面向。

本書第 1.1 節曾提及歐拉在哥尼斯堡七橋問題，以及有關笛卡兒－歐拉示性數上的貢獻，[43]儘管他未曾料及這些是拓樸學的本質問題。針對後者，柯西在 1811 年給出另一個證明，其方法是將此多面體移除一個面（的內部），並將它展開成平面圖，於是 $V-E+F=1$，其中 V、E、F 依序為展開圖之後三角化 (triangulation) 成多邊形的頂點 (vertices)、邊 (edge)、面 (face) 之個數，再一一移除三角形，然後可以得證。不過，柯西的證法必須假設下列事實：所有閉的 (closed)、

---

[40] Boyer, *A History of Mathematics*, p. 652.

[41] 譬如利斯廷、莫比烏斯就各自獨立地發現莫比烏斯環 (Mobius band)。

[42] 引德福林，《數學的語言》，頁 314。

[43] 笛卡兒在 1639 年即已發現此一性質。參考克藍因，*Mathematical Thought from Ancient to Modern Times*, p. 1163。

凸的 (convex) 多面體（譬如五種正多面體就是）都與球體同胚。而這是十九世紀數學家都接受的事實。[44]

不過，前述德國數學家利斯廷 (Listing) 在 1858 年的一系列論文中，則企圖延拓笛卡兒－歐拉示性數。同一年，莫比烏斯（Mobius，曾擔任高斯的助手）也獨立地發現（以他的姓氏為名的）不可賦向的環帶 (non-orientable Mobius band / strip)。他顯然依循柯西的進路，然後強調：一個多面體可以視為二維多邊形的組合，其中因為每一片都可三角化，因此，這個多面體（三維）最終會成為三角形（二維）的組合。[45]這個想法非常基本，他也因此被認為是第一位提出恰當拓樸學問題的數學家。[46]

另一方面，黎曼研究複變函數所引出的曲面研究（目前稱之為黎曼面 Riemann surface），也對拓樸研究帶來深遠的影響，這是因為他發現有必要引進黎曼面的連通性 (connectivity)，於是，黎曼就運用這個拓樸性質，來對曲面進行分類。他直觀地認為：若兩個閉的、可賦向的 (orientable) 黎曼面拓樸等價，則它們有相同的虧格 (genus)。他還觀察到：所有閉的、虧格為零的（亦即單連通 simply connected）的（代數）曲面都是拓樸等價。而且，每一個都可以拓樸地映射成為球面。

由於黎曼面的結構相當複雜，所以，數學家都想利用拓樸等價，將它變換成較簡單的結構。在所有的努力中，克萊因的貢獻最大，他在 1874 年證明：兩個可賦向的閉曲面同胚若且唯若它們具有同樣的虧格。但即使如此，他還是在 1882 年造了一個（現在以他為名的）克萊

---

[44] 參考克藍因，*Mathematical Thought from Ancient to Modern Times*, p. 1163。

[45] 名倉真紀、今野紀雄，《拓樸學超入門》頁 33–50 有相當簡易的解說，值得參考。

[46] 參考克藍因，*Mathematical Thought from Ancient to Modern Times*, p. 1165。

因瓶 (Klein bottle)，來說明即使是二維的閉曲面之結構也可以非常複雜。另外，代數幾何學家如何表徵雙複變數的代數方程式之領域的四維「曲面」，也成為拓樸研究的迫切問題。

義大利數學家貝堤 (Enrico Betti, 1832–1892) 所以注意到研究高維度圖形連通性的研究需求，可能與前往義大利養病的黎曼之會面而得到靈感有關。針對用以表徵複代數函數 $f(x, y, z)=0$ 的四維「曲面」結構，他證明：一維的連通數等於三維的連通數。到十九世紀結束時，閉曲面理論幾乎是組合拓樸學的全部。而貝堤的研究成果則是更一般化的理論之開端。至於首先提出系統性、一般性研究進路的，則是本節一開始提及的龐加萊，他被視為組合或代數拓樸學的創建者。事實上，在他始於 1894 年發表的六篇論文之後的四十年間，組合拓樸學的理念與方法，完全奠基於他的研究成果。譬如，為了紀念數學家貝堤，他引進貝堤數 (Betti number) 作為高維度流形的分類工具。所謂貝堤數，非正規地說，是指切割曲面（或流形）而不致成為兩片的最大切割數。[47]如以我們常見的曲面為例，其貝堤數（置括弧內）如下：圓柱面 (1)、克萊因瓶 (2)、莫比烏斯環 (1)、射影平面 (1)、球面 (0)，以及輪胎面 (2)。

在許多拓樸不變量中，龐加萊對笛卡兒—歐拉示性數特別感興趣。對單純多面體 (simple polyhedron) 來說，它是一個拓樸不變量，至於對一般的高維流形來說，龐加萊除了發展計算方法之外，還將它延拓成為與貝堤數有關的公式：[48]

---

[47] 正規地說，第 n 個貝堤數是指一個拓樸空間的第 n 個同調群 (homology group) 的秩 (order)。參考 https://mathworld.wolfram.com/BettiNumber.html。

[48] 引克藍因，*Mathematical Thought from Ancient to Modern Times*, pp. 1173–1174。

給定 n-維複形 (complex) K^n。若 p_k 是 K^n 的第 k 個貝提數，則此一複形的特徵數 (characteristic) $N(K^n)$ 如下：

$$N(K^n) = \sum_{k=0}^{n}(-1)^k p_k$$

有了貝堤數這個重要工具，龐加萊在 1904 年提出著名的「**龐加萊猜想**」：

每一個單連通的、（封）閉的、可賦向的 3-維流形都與 3-維球面同胚。

在將近百年之後，這個猜想被俄羅斯數學家佩雷爾曼 (Grigori Perelman, 1966–) 於 2002 年成功地證明為真，並因此榮獲 2006 年費爾茲獎，以及克雷數學研究所 (Clay Mathematics Institute) 千禧年大獎，[49]但都被他拒絕，細節在此不表，可參閱葛森 (Masha Gessen) 的《消失的天才》。

在這之前，有多位數學家攻克其他高維度的情況。此一猜想的廣義形式可以如下描述：如果一個 n-維流形和一個 n-維球面有同樣的同倫群 (homotopy group)，那麼，它們會拓樸等價嗎？對 $n=1$ 來說，此一猜想成立，因為任意緊緻的、閉的、單連通、一維的流形一定與圓同胚。$n=2$ 的情況得證於十九世紀。1961 年，美國數學家斯梅爾 (Stephen Smale) 證明 $n \geq 5$ 成立（因而榮獲 1966 年費爾茲獎），1983 年，另一位美國數學家弗利德曼 (Michael Freedman) 證明 $n=4$ 的情況成立。然後，佩雷爾曼給了最終的一擊，百年歷史的猜想圓滿落幕。[50]

[49] 參考 https://www.claymath.org/millennium-problems。

上一段提及的同倫群，也是龐加萊為了研究高維度流形所發展出來的「代數」工具之一。這個工具見證了代數拓樸學的重要發展關鍵，它將拓樸問題轉換成為代數問題，對於代數拓樸的進一步發展，當然提供了極大的助益。其實，這種可真正稱之為代數拓樸的進路，在拓樸學家研究扭結理論時，也發揮了極大的作用。[51]

在本節最後，我們也要略述點集或一般拓樸學 (point-set / general topology) 的重要插曲。點集拓樸學曾經是 1960 年代大學數學系的熱門選科，後來盛況不再，部分原因是它的許多內容被視為分析學的預備知識，因此，在大學教學的脈絡中，逐漸失去獨立的地位。儘管如此，我們在此還是簡略交代其歷史發展，尤其是有關拓樸空間 (topological space) 的內容。

延續他建立函數空間 (function space) 與泛函的抽象理論之進路，以及變分學研究中的函數被視為函數空間中的點之作法，法國數學家弗雷歇 (Maurice Frechet, 1878–1973) 從 1906 年開始著手進行抽象空間之研究。泛函分析的興起連同希爾伯特空間 (Hilbert space)、巴拿赫空間 (Banach space) 的引進，都對點集被視為空間來研究，發揮了極大的效用。[52]

有關空間 (space) 如何與純粹集合區隔，數學史家克藍因給了清楚的界定：前者也是集合，但是有「某些概念將它們綁在一起」，譬如在歐氏「**空間**」中，點的距離概念就告訴我們兩點如何靠近。現在，我

---

[50] 參考 https://mathworld.wolfram.com/PoincareConjecture.html。

[51] 不妨參考德福林，《數學的語言》，頁 320–334；名倉真紀、今野紀雄，《拓樸學超入門》，頁 129–140。

[52] 參考克藍因，*Mathematical Thought from Ancient to Modern Times*, p. 1159。

們就來轉述德國數學家郝斯多夫 (Felix Hausdorff, 1868–1942) 如何定義拓樸空間 (topological space)。郝斯多夫在他的《集合論本質》(*Grundzuge der Megenlehre*, 1914) 中，根據賦距空間 (metric space) 所延伸的鄰域 (neighborhood) 概念，建立一個抽象的拓樸空間：

> 給定一個集合，其元素為 x，連同與每個 x 連結的子集合 U_x 之族。這些子集合被稱為鄰域，且必須滿足下列條件：
> - 對每一點 x 而言，至少有一個鄰域 U_x 包括 x。
> - x 的兩個鄰域之交集包含 x 的一個鄰域。
> - 若 y 是 U_x 的一個點，則存在一個 U_y 使得 $U_y \subseteq U_x$。
> - 若 $x \neq y$，則存在有鄰域 U_x 及 U_y 使得 $U_x \cap U_y = \varnothing$。[53]

再根據鄰域概念，進一步定義極限點 (limit point)、開集、閉集、緊緻、連通、可分空間 (separable space)、連續、同胚。顯然，這些概念都是拓樸不變量，因此，點集拓樸學的主要任務，乃是去發現連續變換或同胚下保持不變的空間性質。還有，抽象空間的引進也帶來一些問題，譬如，一個拓樸空間何時可賦距 (metrizable)？這問題由法國數學家弗雷歇 (Maurice Frechet, 1878–1973) 所提出，最後由英年早逝的俄國數學家烏雷松 (Paul S. Uryshon, 1898–1924) 解決其中之一，他證明的命題如下：每一個正規拓樸空間都可以被賦距。至於所謂的正規空間 (normal space)，是指此空間中的兩個互斥閉集，都可被封入各自的開集，且使得這兩開集也互斥。[54]

---

[53] 引克藍因，*Mathematical Thought from Ancient to Modern Times*, p. 1160。

[54] 參考克藍因，*Mathematical Thought from Ancient to Modern Times*, pp. 1159–1161。

有關點集拓樸如何連結到分析學的應用，其結果當然不只本節前述。數學史家克藍因還指出：除了區別各個複形 (complex) 的差異之外，荷蘭數學家——也是直觀主義的旗手——布勞威爾 (Luitzen Egbertus Jan Brouwer, 1881–1966) 也運用組合方法證明固定點定理 (fixed point theorem)：

> 每一個從 n-單形（n-simplex 或與其同胚的圖形）映至其本身的連續變換必然都具有一個固定點。

譬如，一個從（平面）圓盤映至其本身的連續變換必然具有一個固定點，就是這個定理的一個特例。至於它在分析學上最膾炙人口的應用，則是建立常微分方程解的存在性。考慮區間 [0, 1] 上的微分方程

$$\frac{dy}{dx} = F(x,\ y)$$

它有初始條件：當 $x = 0$ 時，$y = 0$。其解（函數）$\varphi(x)$ 滿足如下條件：

$$\varphi(x) = \int_0^x F(x,\ \varphi(x))dx$$

至於其證明大略如下：引進一般的變換

$$g(x) = \int_0^x F(x, f(x))dx$$

其中 $f(x)$ 為任意函數。這個連結 f 與 g 的變換定義在函數空間 (function space) $\{f \mid f:[0, 1] \to R$ 連續$\}$ 上，可以被證明為連續。如此，我們所求的解 $\varphi(x)$ 就是該函數空間的一個固定點。如果吾人可以證明這個函數空間滿足使得固定點定理成立的條件，那麼，$\varphi(x)$ 的存在性就得證了。[55]

最後，在結束本節之前，我們還要補充說明：前文所謂的「單（純）形」(simplex) 是指 n-維三角形，亦即，0-維單形為一點；1-維單形為一線段；2-維單形就是一個（一般的）三角形；3-維單形為一個四面體；n-維單形則是具有 $n+1$ 個頂點的廣義四面體。還有，一個單形的低維度面 (face) 本身就是單形。至於複形 (complex) 則是有限多個單形的集合，其中任意兩個單形會相交（如果有的話）於一個公共的面，而且此複形中的每一個單形之面，也是此複形的一個單形。[56]這兩個重要的概念是由布勞威爾所定義，可以見證他對組合拓樸學的貢獻。一般人似乎只記得他是直觀主義的倡議者（參看第 3.5 節），而忽略了他在數學研究上的實質貢獻。

4.4 測度論與實變分析的現身

測度論 (measure theory) 的現身與勒貝格的關係非常密切，因為他在 1902 年完成的博士論文，就是為這個新興的學門揭開新頁，並且成

---

[55] 參考克藍因，*Mathematical Thought from Ancient to Modern Times*, pp. 1178–1179。克藍因還指出：「由這個簡單例子所解釋的方法，幫助我們證明常見於變分學與流體動力學中的非線性偏微分方程的解之存在。」

[56] 參考克藍因，*Mathematical Thought from Ancient to Modern Times*, p. 1171。

為新世紀數學的主流標誌。不過，年長勒貝格四年的波瑞爾的角色也不可或缺。早在 1898 年，他就將巴黎師範學院的教材《函數論教程》(*Leçons sur la théorie des fonctions*) 出版，給出測度函數的定義，觸及基本的測度問題，譬如⑴線段的測度是其長度；⑵全等的集合之測度相等；⑶有限多個或可數的無限多個彼此互斥的集合之測度，等於這些個別集合的測度之總和。[57]事實上，在他的博士論文 (1894) 中，波瑞爾也引進有關緊緻集 (compact set) 的海涅－波瑞爾覆蓋定理 (Heine-Borel covering theorem)。[58]

儘管如此，勒貝格在可積分函數的研究上，繼承了黎曼的「問題意識」，則成為以他為名的「**勒貝格積分**」**(Lebesgue integral)** 發展之起點。現在，就讓我們簡述黎曼積分所留下的「未竟之業」。

西元 1854 年，黎曼在他的特許任教資格論文 (*Habilitationsschrift*) 中，簡述後稱之為黎曼積分的議題如下：

$$\text{吾人要如何理解所謂的} \int_a^b f(x)dx\text{？}$$

在此，他假定函數 $f(x)$「有界」(bounded)，而不只是柯西所假定的「連續」，然後，開始發展他的積分理論。若 $f(x)$ 在 $[a, b]$ 上有無窮多個不連續點，那麼，柯西的積分便派不上用場。譬如，黎曼的指導教授狄利克雷就以今日尊稱為狄利克雷函數 (Dirichlet's function)：

---

[57] 參考 Grattan-Guinness, *The Fontana History of Mathematical Sciences*, p. 673。

[58] 參考 Struik, *A Concise History of Mathematics*, p. 195。

$$\varphi(x)=\begin{cases} c & \text{若 } x \text{ 為有理數} \\ d & \text{若 } x \text{ 為無理數} \end{cases}$$

來指出「**高度不連續**」函數的積分問題重重，事實上，這個函數的黎曼積分並不存在。師父狄利克雷並未解決這個問題，而是由徒弟黎曼來迎接這個挑戰。誠如數學家鄧漢 (William Dunham) 所指出：將可積分性與連續性「**離緣**」**(divorce)**，就是大膽且爭議性十足的想法！[59]

狄利克雷函數的「麻煩」出現在函數值「**上下震盪**」**(oscillation)** 沒完沒了，因此，我們今日所謂的「**黎曼和**」**(Riemann sum)** 無從計算，從而最終的黎曼積分也不會存在。為了面對此一問題，黎曼將函數震盪的幅度分為兩類。給定函數 $f(x)$ 在 $[a, b]$ 上有界。令 $\sigma>0$，對一個給定的分割 (*partition*)，$a<x_1<x_2<\cdots<x_{n-1}<b$，令 $\delta_k=x_k-x_{k-1}$, $1\le k\le n$，且 $\delta_1=x_1-a$, $\delta_n=b-x_{n-1}$。黎曼注意到有一些函數值震盪幅度超過 σ 的子區間，他稱之為類型 A (Type A)，以 $s(\sigma)=\sum_{\text{Type A}}\delta_k$ 表示；其餘則稱為類型 B (Type B)，參考圖 4.2，譬如 $s(\sigma)=(x_2-x_1)+(x_5-x_4)$。

現在，參考圖 4.3，黎曼定義一個新的「總和」：

$$R=\delta_1D_1+\delta_2D_2+\delta_3D_3+\cdots+\delta_nD_n$$

亦即 R 是圖 4.3 中的塗影面積之和，它由分割 $a<x_1<x_2<\cdots<x_{n-1}<b$ 中各子區間上函數最大、最小值之差 (D_k) 所決定。接著，他針對 $[a, b]$

---

[59] Dunham, *The Calculus Gallery*, p. 101.

所有的分割中，取 $d > 0$ 使得 max $\{\delta_1, \delta_2, \delta_3, \cdots, \delta_n\} \leq d$。然後，引進 $\Delta = \Delta(d)$ 是以 R 表示的所有「總和」之最大值，顯然，$\int_a^b f(x)dx$ 存在的充要條件是 $\lim_{d \to 0} \Delta(d) = 0$。從幾何直觀來看，這就是說：當分割越來越細時，圖 4.3 中最大的塗影面積會趨近於 0。

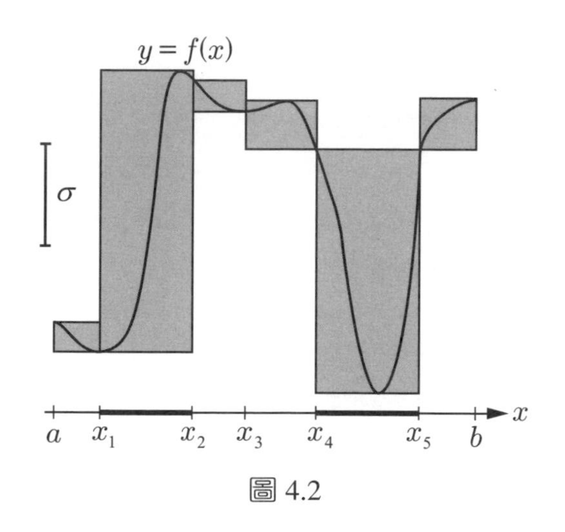

圖 4.2

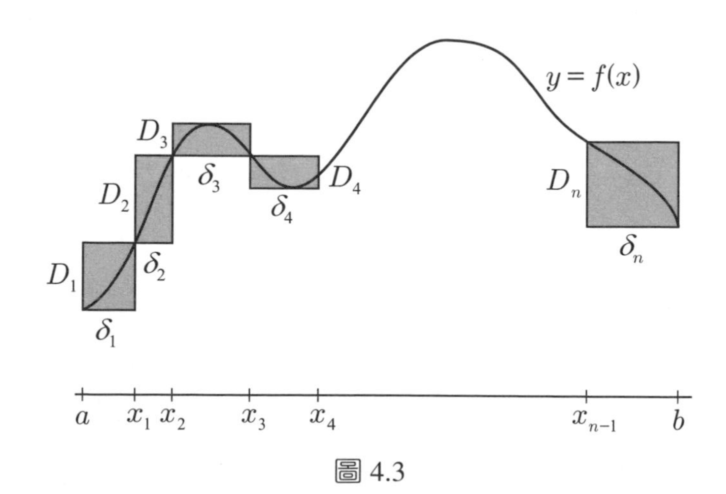

圖 4.3

有了這些概念工具，黎曼終於給出了可積分條件 (Riemann Integrability Condition)：

$\int_a^b f(x)dx$ 存在若且唯若對任意 $\sigma>0$ 來說，$s(\sigma)=\sum_{\text{Type A}}\delta_k$ 在令 $d\to 0$ 的情況下，可以如我們所願地縮小。

按照此一條件，狄利克雷（型）的函數，譬如

$$\varphi(x)=\begin{cases}1 & \text{若 } x \text{ 為有理數}\\ 0 & \text{若 } x \text{ 為無理數}\end{cases}$$

其黎曼積分 $\int_0^1 \varphi(x)dx$ 就不存在。由於 $\varphi(x)$ 完全不連續，因此，一個函數究竟如何地不連續但黎曼積分仍然可以存在？正如他所謂的「**無限頻繁的不連續函數**」**(those that "are discontinuous infinitely often")** 或有可能黎曼積分？為此，黎曼考慮一個「病態的」「標尺函數」(ruler function)：

$$f(x)=\frac{(x)}{1}+\frac{(2x)}{4}+\frac{(3x)}{9}+\frac{(4x)}{16}+\cdots=\sum_{k=1}^{\infty}\frac{(kx)}{k^2}$$

其中，定義 $(x)=x-n$，n 是最接近 x 的整數。黎曼證明這個函數在任意有限區間中，都有無窮多個不連續點。不過，令人無限驚奇的，這個函數卻滿足他的可積分條件，也就是說，這種「**高度不連續性**」**(highly discontinuous)** 的函數並未影響它的可積性。換言之，可（黎

曼）積分函數可能具有令人驚嘆的不連續性！

然則究竟可以不連續到什麼程度？提供這個簡單答案的，就是法國數學家勒貝格 (Lebesgue)。他說：

> 一個定義在區間 $[a, b]$ 上的有界函數 f 要想黎曼可積分，其充要條件就是它的不連續點之集合為零測度 (measure zero)。

勒貝格所謂一個集合「**零測度**」**(a set of measure zero)**，是指「它可以被有限多個、或可數的無限多個區間所封閉 (enclosed)，而這些區間的總長度可以如我們所願地縮小」。有了這個概念，勒貝格進一步定義：如果在一個點集合 (point set) 中，不具有某性質的子集為零測度，則稱這個性質在該點集合中「幾乎到處」(almost everywhere) 成立。如此一來，上述定理（被稱之勒貝格定理）就可以改寫成：「一個定義在區間 $[a, b]$ 上的有界函數 f 是黎曼可積分若且唯若它幾乎到處連續。」根據這個刻劃，前述標尺函數 (ruler function) 幾乎到處連續，因而它可黎曼積分。

勒貝格再依循波瑞爾 (Borel) 的進路，針對一般集合考量「測度」問題，定義任意集合 E 的測度，並探索它的性質：

- 若 E 可測度 (measurable)，則 $m(E) \geq 0$。
- 區間的測度是它的長度。
- 若 $E_1, E_2, E_3, \cdots, E_k, \cdots$ 為有限多個或可數的無限多個彼此互斥的可測集，且若 $E = E_1 \cup E_2 \cup E_3 \cup \cdots E_k \cup \cdots$ 是它們的聯集，則 E 為可測，且 $m(E) = m(E_1) + m(E_2) + m(E_3) + \cdots + m(E_k) + \cdots$。

他還進一步定義可測度函數 (measurable function) 如下：如果對任意實數 $\alpha<\beta$，針對給定函數 f 的集合 $\{x|\alpha<f(x)<\beta\}$ 是可測度的，則 f 是可測度函數，無論是有界或無界。根據此一定義，狄利克雷函數是可測度的。

以上的解說主要根據數學家鄧漢 (Dunham) 的《微積分藝廊》(*The Calculus Gallery*)。鄧漢洞察力十足地指出：歷史發展有時不無反諷，勒貝格這位最終理解黎曼積分本質的數學家，卻在不久即宣示它的「不合時宜」！[60]取而代之的，就是他自己在 1902 年提交巴黎索爾邦 (Sorbonne) 大學博士論文中，所建立的「**勒貝格積分**」**(Lebesgue integral)**。

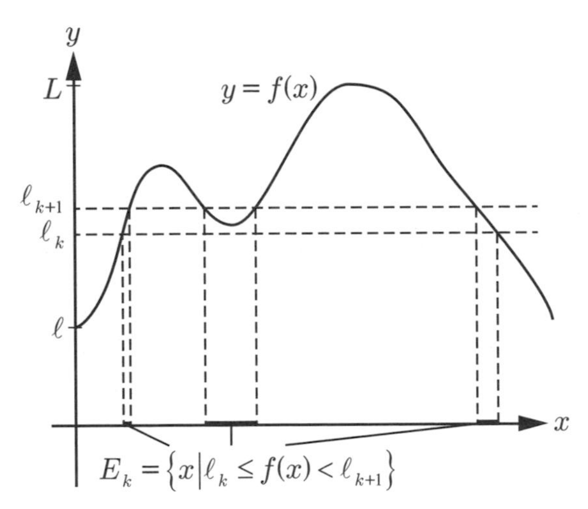

圖 4.4：勒貝格積分之定義

[60] 參考 Dunham, *The Calculus Gallery*, p. 208。

勒貝格當然深知狄利克雷函數的值域 (range of function) 所引出的麻煩，因此，他的積分定義就從值域的「**分割**」**(partition)** 著手，這是非常了不起的創新，也是他對現代積分理論的最大貢獻之一。我們現在就來介紹他如何引進以他的姓氏為名的「**勒貝格積分**」。

考慮定義在 $[a, b]$ 上的一個有界、可測度函數 f，如果 $l<L$ 分別是 f 值域的最大下界 (*infimum*) 及最小上界 (*supremum*)， 區間 $[l, L]$ 包括了函數的值域。對任意 $\varepsilon>0$，勒貝格考慮區間 $[l, L]$ 的一個分割如下：$l=l_0<l_1<l_2<\cdots<l_n=L$，其中，相鄰分割點的距離之最大值會小於 ε。現在，模仿黎曼和，構造一個「**勒貝格和**」**(Lebesgue sum)**，不過，它卻是針對 y 軸上的分割點。參考圖 4.4，勒貝格顯然依循黎曼，以二維區域面積逼近曲線（函數圖形）下的面積，只是現在無法確定這些是否也是長方形。考慮 y 軸上的子區間 $[l_k, l_{k+1})$，並且注意到 x 軸上區間 $[a, b]$ 的子集 E_k， 它定義為 $E_k=\{x\,|\,l_k\le f(x)<l_{k+1}\}$。仿黎曼和，構造一個勒貝格和：$\sum_{k=0}^{n} l_k\cdot m(E_k)$，其中 $E_n=\{x\,|\,f(x)=l_n\}$。最後，令 $\varepsilon\to 0$, $l_{k+1}-l_k$ 的最大值也趨近於 0 時，若 $\sum_{k=0}^{n} l_k\cdot m(E_k)$ 趨近於一個唯一值，則我們稱函數 f 在 $[a, b]$ 上的勒貝格積分存在，並以下式表示之：

$$\int_a^b f(x)dx=\lim_{\varepsilon\to 0}[\sum_{k=0}^{n} l_k\cdot m(E_k)]$$

為了證明他不是「漫無目的地」追逐新奇的定義，勒貝格證明了下列定理，從而為勒貝格積分理論建立了堅實的基礎：

- 若 f 在區間 $[a, b]$ 上是有界的黎曼可積分函數，則它是勒貝格可積分，而且兩個積分值 $\int_a^b f(x)dx$ 一定相等。
- 若 f 在區間 $[a, b]$ 上是有界的、可測度的函數，則它的勒貝格積分存在。
- 若 f 與 g 在區間 $[a, b]$ 上是有界的、可測度的函數，而且 $f(x)=g(x)$ 幾乎到處成立，則 $\int_a^b f(x)dx = \int_a^b g(x)dx$。
- 若 $\{f_k\}$ 是定義在區間 $[a, b]$ 上是有界的 、 可測度的函數列都是均勻有上界 $M>0$（亦即：對 $[a, b]$ 內的所有 x，以及對所有的 $k \geq 1$, $|f_k(x)| \leq M$），而且若 $f(x) = \lim_{k\to\infty} f_k(x)$ 是點態（或逐點）收斂的極限，則 $\lim_{k\to\infty} \int_a^b f_k(x)dx = \int_a^b f(x)dx = \int_a^b [\lim_{k\to\infty} f_k(x)]dx$。
- 若 F 在 $[a, b]$ 上可微且導數有界，則 $\int_a^b F'(x)dx = F(b) - F(a)$。這是勒貝格版本的微積分基本定理！[61]

有關勒貝格的積分研究進路，數學史家葛羅頓－吉尼斯特別注意到他並未訴諸圖形 （如圖 4.4），或許由於那些 「行為失當」 的函數「畫」起來相當棘手，因此，他訴諸點集拓樸學 (point set topology) 而非幾何學尋求有用的工具。事實上，西元 1897 年，勒貝格從巴黎師範學院取得教學文憑之後 ， 即在圖書館精讀貝爾 (Rene Baire, 1874–1932) 的《實變數函數論》(*Sur les fonctions de variables reelles*, 1899)，

---

[61] 參考 Dunham, *The Calculus Gallery*, pp. 215–218。

終於在 1902 年完成那篇被史家認為空前最佳的博士論文。

貝爾 (Baire) 是法國數學家，他受教於義大利數學家沃爾泰拉 (Vito Volterra, 1860–1940)，這位大師與十九世紀下半葉的（義大利）數學家皮亞諾及貝爾特拉米 (Eugenio Beltrami, 1835–1900) 齊名。沃爾泰拉成長於佛羅倫斯，在米開蘭基羅走過的街道上步行，就讀但丁中學與伽利略中學，當然都是為了紀念這些偉大的名字。受到這些文藝復興大師的思想薰陶與鼓舞，或許也部分解釋他後來公開反抗墨索里尼的政治立場。他多才多藝，（數學）膽識過人，中學畢業三年後 (1881)，就敢標舉一個「病態的」函數例子：

> 一個函數 F 在定義域 $[a, b]$ 中的每一點之導數都有界，然而，其導（函）數卻是如此地不連續，以致於它不可（黎曼）積分。

換言之，即使函數 F 到處可微，而且其導（函）數 F' 有界，但積分 $\int_a^b F'(x)dx$ 卻不存在。當然，這個問題後來被勒貝格（積分）版的微積分基本定理所解決，我們在前文已經敘說這個重要插曲。

以沃爾泰拉為例，西元 1880 年代的確是「病態」函數例子淹沒的時代，數學家相繼發明新例，沃爾泰拉的徒弟貝爾也不遑多讓。不過，貝爾倒是明確地將函數研究連結到點集合研究，他說：

> 吾人甚至可以說，在一般的情況下，任何關係到函數論的問題，都會導向關係到點集合的某些問題，只要後者這些問題被面對或者可以被面對，那麼，吾人便能或多或少完備地解

決給定問題。[62]

由於那些病態的函數都與它的不連續點之多寡有關，因此，當貝爾試圖進行分類時，他的概念工具就是所謂的貝爾類定理 (Baire Category Theorem)，這顯然是為了紀念他而命名的定理：

若 $F=P_1\cup P_2\cup P_3\cup\cdots\cup P_k\cup\cdots$，其中每一個 P_k 都是無處稠密集，且若 (α, β) 是開區間，則 (α, β) 中存在有一點不在 F 內。[63]

在這個定理中，貝爾引進「疏朗集（或無處稠密集）」(nowhere-dense set)，他的定義如下：

給定實數集合 P。若每一個開區間 (α, β) 包含一個開子區間 $(a, b)\subseteq(\alpha, \beta)$ 使得 $(a, b)\cap P=\varnothing$，則 P 稱之為疏朗集。

譬如集合 $S=\{\frac{1}{k}\mid k=1, 2, 3, \cdots\}$ 就是一個疏朗集 。貝爾當然也注意到：疏朗集的子集也是疏朗集；兩個疏朗集的聯集也是疏朗集，從而有限多個疏朗集的聯集也是疏朗集。如果現在是可數的無窮多個疏朗集之聯集，譬如集合 $F=P_1\cup P_2\cup P_3\cup\cdots\cup P_k\cup\cdots$，其中每一個 P_k 都是疏朗集，那麼，集合 F 又是具備什麼性質？

---

[62] 引 Dunham, *The Calculus Gallery*, p. 183。

[63] 引同上，p. 189。

為了探討集合 F 的性質，貝爾將它稱之為**「第一類集合」(set of the first category)**，如有理數集合。至於不是第一類的集合，則稱為**「第二類集合」(set of the second category)**，如無理數集合或實數集合。這個術語曾被批評為「完全無描述性」。不過貝爾卻利用它及其衍生概念，先是針對集合然後是函數進行分類。這裡簡要介紹他的方法。

從現代拓樸學觀點來看，第一類集合在分析學上是可忽略的。不過，運用「類」(category) 來刻劃漢克爾 (Hermann Hankel, 1839–1873) 所定義的函數之**「點態不連續性」(pointwise discontinuity)**，[64]卻是貝爾的貢獻。根據貝爾類定理，貝爾可以證明（或重證）如下定理：

- 康托爾定理：若 $\{x_k\}$ 是相異的實數序列，則實數的任意有界開集 (α, β) 一定包含有一點不在 $\{x_k\}$ 之中。
- （實數的）第一類集合之補集為稠密。
- 函數 f（最差情況）是點態不連續若且唯若它的 D_f（不連續點的集合）是第一類集合。
- 沃爾泰拉定理：在區間 (a, b) 上不可能存在兩個點態不連續函數，其中之一連續點是另一個的不連續點，反之亦然。
- 若 $f_1, f_2, f_3, \cdots, f_k, \cdots$ 是一系列定義在共同區間的點態不連續函數，則該區間中必定存在有一點——其實是一個稠密集使得它們都在該點同時連續。[65]

---

[64] 英年早逝的漢克爾為了研究病態函數，而提出：定義在區間 $[a, b]$ 的函數若有無窮多點不連續，但卻仍在一個稠密集上連續，則此函數就稱之為點態不連續 (pointwise discontinuous)。參考 Dunham, *The Calculus Gallery*, p. 174。

[65] 引 Dunham, *The Calculus Gallery*, pp. 191–195。

誠如史家鄧漢所評論：上述最後這個定理顯示：「即使點態不連續函數可以具有無窮多個不連續點，而且即使我們收集到可數的無窮多個這樣的函數，然而，還是有足夠的連續性，保證這些函數仍然共有一個稠密集，使得它們在這上面都連續。這代表集合論與分析學的完美融合，在貝爾的監督下，渾然天成為一體。」[66]

貝爾還針對一個非常重要、有趣的問題：可微函數的導函數究竟可以不連續到什麼程度？他的回答是：不會很嚴重！因為它必須在一個稠密集上連續：「若 f 可微，則它的導函數 f' 必須在一個稠密集上連續。」[67]至於勒貝格的回應，就是我們前文引述的勒貝格版的微積分基本定理。勒貝格推崇貝爾是「最高等級的數學家」，因為貝爾擁有「豐富的想像力以及紮實的批判意識」，這是一位廿世紀頂尖數學家對另一位同時代數學家的最高致敬詞！貝爾一輩子深受身心疾病所折磨，晚年甚至貧病交迫，但數學史家郝金斯 (Thomas Hawkins) 強調：貝爾的許多非凡發現證明：微積分這門古典的學問即使在邁入廿世紀的關口，還是可以產生巧妙的全新問題。[68]

最後，我們要回來略述勒貝格對於集合研究的貢獻。本節前文所提及的集合論，嚴格說來都指涉點集拓樸學，而較少關連到康托爾所創立的那個集合論。不過，有了測度概念，集合的「大小」分類也就多了非常便利的工具。誠如數學史家鄧漢所指出：勒貝格測度提供一種將集合二分為「大」(正測度)、「小」(零測度) 的新工具。這個二

---

[66] 引同上，p. 195。

[67] 引同上，pp. 196–197。

[68] 引同上，p. 198。

分法正好是順著基數分類（可數 vs. 不可數）、拓樸學面向的分類（第一類 vs. 第二類）發展出來的。依據這三種二分法，有理數集合可歸類為小集合，因為它們都是零測度、可數的，因而是第一類。至於無理數集合則是大集合（因為是正測度）、不可數的，因而是第二類。[69]

現在，我們要將話題轉向比較「古典」的集合論，及其悖論所引發的數學基礎爭議。所謂古典，是關乎康托爾原先企圖證明的連續統假設 (continuum hypothesis) 等相關議題。事實上，在第 3.5 節中，我們已經簡述這段故事的「前傳」，下一節將延續這個故事線直到廿世紀中葉為止。

4.5 集合論與數學基礎

在第 3.5 節中，已經就集合論的發明及其引發的數學基礎危機，提供簡要的論述。誠如前文所述，這段歷程從十九世紀下半葉開始醞釀，直到廿世紀上半葉還餘波盪漾，相關爭議絲毫沒有停下來的跡象。數學家企圖仿照古希臘的公設方法，來為集合論建立一個具有「確定性」的知識基礎。

康托爾所謂的集合，是「指一堆明確、可分辨的物體組合，而這些物體則來自直覺或思想」。如此一來，所有的集合之組合是集合，$\{x : x$ 不屬於 $x\}$ 當然也是集合。而這些卻是悖論 (paradox) 產生的「溫床」。因此，針對這些「含混」進行釐清，德國數學家哲美羅 (Ernst Zemelo, 1871–1953) 提出如下的集合論公設：

---

[69] 引同上，p. 210。

1. 如果兩集合的元素完全相同，就是同一個集合。
   （這樣就直覺地定義了集合的觀念）
2. 空集合存在。
3. 如果 x 和 y 是集合，那麼，$\{x, y\}$ 也是集合。
   （排列順序沒有關係）
4. 一些集合的聯集是集合。
5. 無窮集合存在。
   （此公設允許超限數存在，這很關鍵，因為超越我們的經驗）
6. 可以用本系統語言所定義的性質，都可以定義集合。
7. 一集合的冪集合是集合。換言之，一集合的所有子集所構成的組合是集合。（這個構成冪集合的程序可以不斷地進行下去。換言之，給定一集合，可以得到一包含該集合所有子集的新集合。這個新集合的冪集合又會得到一個新集合）
8. 選擇公設。
9. x 不屬於 x。

這一組公設先是由哲美羅在 1908 年發表，[70]於 1922 年再經過弗朗克爾改進，最後由哲美羅在 1930 年引進一個新的體系，而成為目前（通行較廣）的集合論公設系統：ZF 公設系統（哲美羅－弗朗克爾公設系統）。上述版本引自數學史家克藍因的《數學：確定性的失落》，他以較口語化的方式來敘述。不過，他的附加備註（置於上引文的小括弧內），強調「這套公設系統包含了無定義的基本集合概念，還有無定義的集合包含關係。這些無定義概念和其他有定義的概念都必須滿足公

---

[70] 引克藍因，《數學：確定性的失落》，頁 329–330。

設的敘述，除非公設允許，否則不能隨意引進集合的性質。哲美羅的公設包括：無窮集合的存在性、集合的聯集、子集的形成等，他也採納了選擇公設」。[71]

不過，數學家社群對於 ZF 系統有支持、有反對，但最主要的「擁護」(approval) 卻是來自法國的布巴基學派 (Bourbaki school)，他們將一系列的共同著作總稱之為《數學原本》(*Elements de Mathematique*)，到 1983 年不再出版新作之前，共發行四十冊之多，其中第一冊就是《集合論》(*Theory of Sets*)，對 1960 年代臺灣就讀大學數學系的學生來說，其公設進路之風格，影響頗為深遠。

正如我們在第 3.5 節所提及，在 1931 年，基礎研究的數學家遭受哥德爾不完備定理 (completeness theorem) 與無法證明一致性 (consistency) 之重擊。不到十年，這些驚魂未定的數學家，又被哥德爾在 1940 年所發表的論文〈選擇公設、廣義連續統假說與集合論公設的一致性〉補上一記重拳，這次還賠上集合論的 ZF 系統。在這篇論文中，哥德爾證明：如果沒有選擇公設 (axiom of choice) 的 ZF 公設系統是一致的，那麼，加入選擇公設的新系統還是一致的。換言之，選擇公設在 ZF 系統中是不能被否證的。此外，哥德爾也證明連續統假設（或甚至廣義的連續統假設）和 ZF 系統（即使加入選擇公設）也是一致的。[72]儘管如此，早在 1922 年，就有數學家指出 ZF 系統無法推導出選擇公設，亦即選擇公設是獨立的 (independent)。還有，哥德爾在 1947 年也猜測：在 ZF 系統中加入選擇公設，則連續統假設是獨立的。1963 年，美國數學家柯恩 (Paul Cohen, 1934–) 扮演「終結者」

---

[71] 引同上，頁 329。

[72] 參考克藍因，《數學：確定性的失落》，頁 348。

的角色，他證明：如果 ZF 系統是一致的 (consistent)，那麼，選擇公設和連續統假設都獨立 (independent) 於 ZF 系統（之外）。不僅如此，就算把選擇公設加入 ZF 系統，還是不能證明連續統假設或廣義連續統假設。因此，選擇公設和連續統假設在 ZF 系統中，都是不可判定的命題。[73]

由於柯恩有關公設獨立性 (independency of axioms) 的證明，數學又回到發明非歐幾何學時的那種困境。平行公設獨立的事實導致好幾種非歐幾何學的發展，於是，柯恩的結果引出一個課題：在這兩個公設採用與否的各種組合裡，到底數學家應該怎麼選擇呢？這個課題當然沒有簡易的解決進路，更何況選擇公設在現代數學的許多分支之論證中，都是不可或缺的命題，[74]儘管數學家也挖了一個所謂巴拿赫一塔斯基悖論 (Banach-Tarski paradox) 的「坑洞」。[75]

柯恩的傑出成就部分解決了希爾伯特 23 問題中的第 1 題，也因此榮獲 1966 年的費爾茲獎。請參看下兩節的說明。

 4.6 希爾伯特 23 個問題

根據第 4.2 節的說明，我們可以確認參與涅特的代數書報討論班的成員，除了德國本地的數學家之外，其餘都來自世界各地。可見，以她的討論班為例，數學知識活動已經完全國際化了。

更具有「官方」色彩的國際化活動或事件，莫過於第 4.2 節提及

---

[73] 參考同上，頁 349–350。

[74] 在集合論中，選擇公式、Zorn 引理以及良序原理 (well-ordering principle) 的等價之證明，一直都是經典論證之一。

[75] 參考克藍因，《數學：確定性的失落》，頁 352。

的國際數學家會議 (ICM)，首屆於 1897 年在蘇黎世召開，第二屆則是三年後在巴黎舉行，如此考量，或許也是為了配合當年在巴黎舉辦的其他活動，譬如，巴黎環球博覽會 (Paris Universal Exhibition)，以及國際哲學會議 (International Congress of Philosophy) 等等。然後，ICM 改成四年召開一次，承辦城市依序是德國的海德堡、西班牙的波隆那，以及英國的劍橋。再下一屆本來康托爾極力幫斯德哥爾摩爭取，他希望好友米塔格－列弗勒能在 1916 年承辦此一活動，可惜第一次世界大戰 (1914–1918) 爆發而無法如願。此一戰事的後續惡劣效應，是德國數學家未被邀請參加 1920 、 1924 年的 ICM ， 直到 1928 年才恢復正常，不過，大會的題銜編號（譬如第幾屆）卻被放棄。[76]

現在，回頭來看 1900 年巴黎舉行 ICM。顯然為了在世紀之交承先啟後，希爾伯特決定在此會議中，發表一場演講，回顧數學當時的成就以及尚待解決的 23 個問題或研究綱領 ， 作為未來研究發展的參照。他的演講發表於 1900 年 8 月 8 日上午，被安排在「歷史與參考文獻」(History and Bibliography) 那個場次，由數學史家莫里茨・康托爾 (Moritz Cantor) 擔任主席。[77]事實上，他很早就應邀大會報告 (plenary speech)，但由於太晚提交講題，以致於錯過開幕式演講的安排時程。這 23 個問題涵蓋集合論 、 微分幾何的某些面向 、 變分學 (calculus of variations)、李群 (Lie group)、代數與解析數論、代數幾何，以及泛函分析 (functional analysis) 等主題。[78]由於時間所限，希爾伯特只說明了

---

[76] 參考 Grattan-Guinness, *The Fontana History of Mathematical Sciences*, p. 656。

[77] 這一位數學史家與集合論的肇建者康托爾 (Georg Cantor) 同一姓氏。

[78] 參考 Grattan-Guinness, “A Sideways Look at Hilbert’s Twenty-three Problems of 1900”。

10 個問題，依序是問題 1, 2, 6, 7, 8, 13, 16, 19, 21, 22。[79]不過，由於這是一個「明星等級事件」，所以，(原德文) 講稿立即出版，英文版 (美國) 與法文版也隨即發行。[80]

在往後幾十年內，希爾伯特的說明成功地匯聚了國際數學社群的注意焦點，他們的解法甚或只是求解的企圖，都豐富了問題本身與其他數學分支之連結。事實上，有些問題立即被解決，而另一些問題的解決，則是要等到二次戰後的數學發展之「加持」，才得以完成或更進一步釐清。當然，還更有一些則仍然尚待解決。平心而論，希爾伯特的盛名難掩他對於機率統計的發展之認識極限，此外，他也未曾深入體會工程數學 (engineering mathematics) 之重要性，更不必說觸及麥克士威方程式的謎團 (the enigma of Maxwell's equations) 了。[81]

另一方面，數學家翁秉仁在評論數學史家葛雷 (Jeremy Gray) 的《希爾伯特 23 個問題》(*The Hilbert Challenge*) 中譯本時，也指出：「針對希爾伯特的 23 個問題，一般的評價是：領域不平均，有些問題問得不高明；有些問題壽命很短，如第三個問題在講稿付梓前就解決了；另外有幾個問題，問得含糊不清，比較像是想法的勾勒。基本上，希爾伯特較拿手的領域，如代數、數論、數學基礎，甚至分析，他都提出了具生命力的好問題。但其他像物理公設化的問題，物理學家並未當真。另外，幾何、拓樸與隨機數學幾乎沒問出什麼問題，相對於二十世紀裡這些領域的蓬勃發展，倒也清楚看出希爾伯特的局限。」[82]

---

[79] 參考同上。

[80] 英文版可參考 https://www2.clarku.edu/faculty/djoyce/hilbert/。

[81] 這是史家葛羅頓－吉尼斯的評論，參見他的 *The Fontana History of the Mathematical Sciences*, p. 665。不過，他這本通史主旨是「數理科學史」，涵蓋力學、數學物理及數理統計等學門，當然不在話下。

不過，有鑑於這 23 個問題的重要意義，我們將各題引述如下，如有解決（含否證）或部分解決者，也將提及有貢獻的數學家：

問題 1：康托爾有關連續統的基數問題。貢獻者：哥德爾 (Kurt Godel)、柯恩 (Paul Cohen)。

問題 2：算術公理之相容性 (compatibility)。貢獻者：哥德爾。

問題 3：等底同高的兩四面體之體積的相等（之證明）。否證。貢獻者：登恩 (Max Dehn)。[83]

問題 4：直線被視為兩點之間最短距離之問題。部分解決。貢獻者：波哥雷洛夫 (Aleksei Pogorelov)。

問題 5：在不假設定義群的函數可微的情況下，李 (Sophus Lie) 有關連續變換群的概念。貢獻者：格里森 (Andrew Gleason)、蒙哥馬利 (Peter Montgomery)、紀品 (Leo Zippin)。[84]

問題 6：物理學公理的數學處理。解決遙遙無期。

問題 7：某些數的無理性與超越性。例如：若 b 是代數數及無理數、a 是除 0、1 之外的代數數，那麼 a^b 是否為超越數？答案：是。貢獻者：格爾豐德 (Alexander Gelfond)、史奈德 (Theodor Schneider)。

問題 8：質數中的問題。譬如，黎曼猜想。

---

[82] 引翁秉仁，〈希爾伯特的 23 個數學問題〉。

[83] 事實上，在希爾伯特演講之前，此一問題已經解決，解決者登恩就是希爾伯特的學生之一。

[84] 在獲得解決之後，這是唯一未曾引發更多的研究的問題。

問題 9：任意數體中最一般性的互反律之證明。部分解決。貢獻者：阿廷 (Artin)。沙法列維奇 (Igor Shafarevich) 針對函數體的情況給予證明。

問題 10：丟番圖不定方程式的可解性之判定。答案：否。貢獻者：馬提亞謝維奇 (Yuri Matiyasevich)。[85]

問題 11：任意代數係數之二次式。貢獻者：哈斯 (Hasse)、閔可夫斯基 (Hermann Minkovsky/Minkowski)。

問題 12：克羅內克定理在阿貝爾體上的延拓（到任意代數數體）。

問題 13：以二元函數解任意七次方程式的不可能。部分解決。貢獻者：科摩哥洛夫 (Kolmogorov)、阿諾德 (Vladimir Arnold)。

問題 14：證明函數的某些完備系統之有限性。否證。貢獻者：永田雅宜 (Masayoshi Nagata)。

問題 15：舒伯特演算 (Schubert's calculus) 之嚴密基礎。部分解決。貢獻者：范德瓦爾登 (van der Waerden)。

問題 16：代數曲線及曲面之拓樸問題。

問題 17：將確定式（譬如布於實數的有理函數）寫成平方和。貢獻者：阿廷 (Artin)。

問題 18：全等多面體密鋪空間問題。三個相關問題完全解決。貢獻者：依序是比伯巴赫 (Ludwig Bieberbach)、藍哈德 (Karl Reinhardt)、賀爾斯 (Thomas Hales)、賀格森 (S. Ferguson)。

---

[85] 參考 https://www.cse.iitk.ac.in/users/nitin/talks/Oct2012-Turing.pdf (1/2/2023)。

問題 19：變分學的正則 (regular) 問題之解永遠都解析嗎？答案：對於非線性橢圓偏微分方程式而言，答案：是。貢獻者：伯恩斯坦 (S. Bernstein)、佩卓夫斯積 (I. Petrovskii)。

問題 20：邊界值的一般性問題。貢獻者：狄拉克 (P. Dirac)、索伯列夫 (S. Sobolev)、史瓦茲 (L. Schwartz)。

問題 21：線性微分方程式在給定的單值群 (monodromy group) 條件下的存在性之證明。尚未解決。

問題 22：將解析關係 (analytic relations) 以自守函數一致化。部分解決。貢獻者：龐加萊 (Poincare)、克伯 (P. Koebe)。

問題 23：變分法的進一步發展。

在演講最後，希爾伯特總結說：「數學知識的有機一統性蘊藏在此學科的本質之中，這是因為它是自然現象的所有嚴正 (exact) 知識之基礎。這個高貴的使命或有可能全部完成，也期盼新世紀帶來它的天才大師，以及許許多多熱切、堅毅的學子。」[86]無論如何，在一個世紀之後，這些問題或研究綱領獲得完全解決的，有問題 1, 2, 3, 5, 7, 10, 14, 17, 18, 20。部分解決的有問題 4, 9, 13, 15, 19, 22。而未解決的則有題 6, 8, 11, 12, 16, 21, 23 。[87]無論如何，完全或部分解決者共計有 16 題，因此，這 23 個問題及其解（或釐清）見證二十世紀數學的發展，算是符合希爾伯特的期待吧。

---

[86] 引 http://aleph0.clarku.edu/~djoyce/hilbert/。

[87] 參考 https://abakcus.com/directory/hilberts-twenty-second-problem/。

不過，針對希爾伯特的「預言」，有一個插曲與上述問題 7–8 有關，值得引述在此。西元 1919 年，希爾伯特在一場演講中備註說：他相信他在有生之年，可以樂觀地期待黎曼猜想獲得解決，同時，或許這場演講廳中最年輕的聽講者，也會看到費馬最後問題的解（亦即「費馬最後定理」得證），[88]然而，應該沒有人會看得到 $2^{\sqrt{2}}$ 被證明為超越數。而事實上，最後這個結果，正是格爾豐德、史奈德分別於 1934、1935 年得證的定理之特例。可見，即使是偉大級的數學家也可能「誤判」數學形勢。但這難道是不能容忍的「輕率」之舉嗎？恐怕也未必！我們期待更多第一流數學家「有膽識地」站出來，跟我們分享他們的數學洞識。最近的例子是剛謝世的傑出數學家阿蒂亞 (Michael Atiyah, 1929–2019) 宣稱他證明了黎曼猜想，雖然數學社群似乎抱著「等著瞧」的態度，但是，我們還是樂觀其成，期待更多的數學故事可以說！

4.7 費爾茲獎

西元 1936 年，芬蘭複變大師阿弗斯 (Lars V. Ahlfors, 1907–1996) 與美國數學家道格拉斯 (Jesse Douglas, 1897–1965) 同獲第一屆的費爾茲獎 (Fields medal)。多年後，他回憶當年獲獎點滴心得：「我有生以來十分意外的一件事，就是當 1936 年我參加奧斯陸國際數學家會議時，我在被頒獎前的幾小時才被告知：我是費爾茲獎首度頒發的兩位得獎人之一。這個聲名也許不如現在來得顯赫，不過，我還是覺得被突顯出來而受寵若驚。」[89]按：當阿弗斯獲獎時，正好是他客座訪問

---

[88] 值得注意的，他並未提到費馬最後定理。

[89] 轉引自洪萬生，〈典型在夙昔：複變大師 Lars V. Ahlfors〉。第 3.1 節也提及阿弗斯的一段生涯插曲。

哈佛大學三年期間，得獎時才二十九歲，未來的學術生涯應該大有展望。不過，由於二戰期間的艱困處境，他不免顛沛流離，一直要到 1946 年接受哈佛大學的終身教席，並且在兩年後擔任數學系主任，才完全安頓下來。

另一方面，同時獲獎的道格拉斯，在 1955 年之後，受聘為母校紐約市立學院 (City College of New York, CCNY) 的數學教授，不過，他只有大學部課程可教，其深度則僅止於高等微積分。該學院直到 1966 年改制成為紐約市立大學 (City University of New York, CUNY) 的分校之後，才在後者的建制下，設立數學博士班課程 (Ph.D. Program in Mathematics)。

現在，讓我們簡短回溯費爾茲獎的歷史。此一獎項是以加拿大數學家約翰・查爾斯・費爾茲 (John Charles Fields, 1863–1932) 的姓氏來命名。其實，費爾茲籌備設立該獎時，建議將它稱為**「國際傑出數學發現獎」(International Medals for Outstanding Discoveries in Mathematics)**。他在遺囑中捐出 47,000 美元給該獎項基金，後來他的家屬還陸續追加。不過，此一獎項最終被稱之為費爾茲獎，還是為了紀念它的創立者費爾茲。這個事件還有一個值得注意的歷史脈絡，請參看下文的說明。

費爾茲創立此一獎項的本意，在於平息國際數學界的紛爭。第一次世界大戰 (1914–1918) 後，國際數學界頓時陷入分裂局面，法國和比利時數學家堅持 ICM 不應邀請德國及同盟國數學家參加，其緊張情勢正如數學家／數學史家史楚伊克 (Struik) 的觀察，「德國的 *Kultur* 對上了法國的 *culture*」。西元 1924 年的 ICM 原本由美國承辦，但是因為排除德國數學家的參加，主辦單位無法取得贊助商的有力支持。於是，加拿大費爾茲「臨危受命」，接手承辦。該屆大會的國際參與度當然頗受影響，但多虧費爾茲的「公關能力」，還是有一些會議後的結餘款。為了強化國際之間的交流與合作，費爾茲希望以該筆款設立一個獎項，在每屆國際數學家大會上頒發。他原來並未設下明確的得獎條件，也要求不用任何人名或地名來命名，只強調負責遴選的委員會「應有盡可能多的自主性」去決定得獎者。因此，1932 年的 ICM 就任命了費爾茲獎委員會，負責選出 1936 年首屆得獎者，亦即前述的阿弗斯與道格拉斯。原先每屆授與兩名數學家，到了 1966 年，則開始增加到最多四名。

截至 1998 年為止，ICM 總共舉辦了十四屆，其中 1936 年那一屆之後，顯然由於二戰的阻撓，一直到 1950 年才恢復舉辦，同時國際數學聯盟 (International Mathematical Union, IMU) 也開始有制度地運作，而成為一個永續發展的國際組織。在 1936–1998 年間，費爾茲獎牌總共頒發了四十二面，其中美國籍數學家就榮獲了十三面之多，足見二十世紀美國數學的超強實力。此外，日本數學家小平邦彥（Kunihiko Kodaira, 1915–1997，1954 年得獎）、廣中平祐（Heisuke Hironaka，1970 年得獎）及森重文（Shigefumi Mori，1990 年得獎）都是以日本籍身分獲獎，同時，除了廣中平祐曾深造於哈佛大學博士班之外，其他兩位都是日本數學界本土自主訓練成功的範例，足以見證日本「脫亞入歐」（明治維新時期口號）的決心與能耐。

費爾茲獎的頒發還有一個插曲，那就是 1998 年頒給英國數學家安德魯・懷爾斯 (Andrew Wiles, 1953–) 的那一面獎牌。由於當時懷爾斯已超過四十歲，按例無法獲獎。[90]然而，費馬最後定理實在太重要了，儘管如前述，希爾伯特曾經預測它的得證指日可待，而未納入他的 23

---

[90] 慣例是候選者的年紀到獲獎年的元旦，不能超過四十歲。

問題之中，所以，IMU 頒發特別獎 (IMU silver plaque) 給他，[91]藉以表彰這一項廿世紀數學的偉大成就。

儘管如此，費爾茲獎對於國際數學家社群所發揮的最大助力，無疑就是它凝聚了國際共識，讓得獎者的成就與貢獻，見證廿世紀數學在國際頻繁互動的交流與合作。不過，由於這個獎項越來越具有「指標性」的意義，頂尖大學、研究機構或國家之間的激烈競爭在所難免，這顯然對費爾茲獎委員會造成頗大壓力。譬如，1950 年的費爾茲獎之一頒發給挪威數學家賽爾伯格 (Atle Selberg)，就有數學家為保羅・艾狄胥 (Paul Erdos) 打抱不平，因為他們兩人似乎是同時、但彼此獨立地以初等方法 (elementary method) 證明了質數定理 (prime number theorem)。然而，最後獎項卻落入賽爾伯格手上，[92]這或許也部分解釋了艾狄胥何以最後選擇「自我放逐」，四海漂泊以數學為家。[93]他做數學的隨興行事作風，也對目前國際之間學術資源過度集中到所謂的頂尖大學，不無警惕作用。因為像首屆獲獎的道格拉斯 (Douglas) 那樣「屈就」於紐約市立學院的數學家，恐怕早已成為絕響了。

4.8 電子計算機的歷史剪影

四色問題 (four color problem) 訴諸吾人使用地圖的日常生活經驗，本質上是拓樸學範疇的問題。我們所以留到本節才稍加說明，乃

---

[91] 參考 http://www.icm2002.org.cn/general/prize/medal/1998.htm。

[92] 賽爾伯格當然不是單靠這個證明得獎，他在解析數論、離散群，以及自守形式的研究上，也都成就卓越。

[93] 參考 Schechter，《不只一點瘋狂》，或 https://mathshistory.st-andrews.ac.uk/Biographies/Selberg/。

是由於它的證明主要依賴電子計算機的應用。這個問題是在 1852 年笛摩根致漢米爾頓的信函中指出，不過，漢米爾頓不感興趣。[94]它針對擁有共同邊界的兩個區域不能是同色的前提下，吾人究竟需要多少種顏色，才能製作相鄰國家或地區顏色不同的地圖？至於它之所以歸屬於拓樸學，則是由於上述提問所在意的，並非地圖中區域的形狀，而是它們的圖面配置 (configuration)， 譬如哪些區域具有共同的邊界 (boundary)。

這個問題所以難解，應該是圖面配置的可能性太過複雜，而且即使分類完成，著色是否只需要四種顏色就足夠，也需要龐大數量的計算。1931 年美國數學家惠特尼 (Hassler Whitney, 1907–1989) 成功地建立了此一問題與圖論 (graph theory) 的聯繫，成為後來解題的關鍵。西元 1976 年，美國伊利諾大學的阿佩爾 (Kenneth Appel) 與哈肯 (Wolfgang Haken) 得證為四色定理 (four color theorem)。 針對這個插曲，我們且看數學史家卡茲的轉述：[95]

> 阿佩爾 (Kenneth Appel) 與哈肯 (Wolfgang Haken) 曾經懷疑是否能完成他們的計劃，但 1976 年 7 月 24 日，通過證明 1936 年的最後的不可避免構形的可約性，他們藉助於計算機完成了四色定理的證明。四色定理，即用四種顏色即可為任何地圖著色，首次提出於 1852 年 7 月 26 日。這兩個人向美國數學會提交了一份報告，該報告刊登在《美國數學會通報》(*Bulletin of the American Mathematical Society*) 上。

---

[94] 引卡茲，《數學史通論》(第 2 版)，頁 658。

[95] 引同上，頁 626。

事實上，他們的證法是尋找一個由地圖所對應的圖 (graph) 中可能出現的大量子圖 (subgraph)，然後，研究這些子圖著色的可能性。為了要在可行的時間內完成這項工作，阿佩爾和哈肯不得不大量使用計算機，持續六個月之久，使用計算機時間則超過一千個小時。數學史家卡茲也注意到：計算機自從問世以來，主要用以幫助數學家提出猜想，但在四色定理的證明中，它卻用來構造形式的證明。

不過，這種證明在數學家社群卻是「**非典型**」**(unconventional)** 的實作。數學家習慣運用最傳統的紙筆，檢視證明步驟是否在邏輯上站得住腳。這個四色定理的證明則需要吾人對於計算機計算步驟的信賴。因此，四色定理的證明是否算是一個證明？數學家社群的爭議始終未曾終止。無論如何，數學家為何要「相信」計算機這種機器？其實，吾人只須瀏覽廿世紀數理邏輯之發展，應該就可以體會：計算機有效操作所依賴的邏輯假設，絕對是主要的關鍵。因此，我們在本節中，除了介紹計算機發明的簡史之外，相關的數理邏輯之發展也打算連帶說明。

數理邏輯 (mathematical logic) 與數學基礎 (foundations of mathematics) 息息相關，[96]後者誠如我們在第 4.6 節（有關希爾伯特 23 問題）的論述所顯示，相當受到矚目，相關的問題共有第 1、2、10 題，足見數學基礎問題如何受到重視，更何況它們還連結到希爾伯特所主張的形式主義。譬如，其第 2 題就是有關算術公理系統的相容性。這個「擬題」顯然源自他證明歐氏幾何學的相對相容性 (relative consistency)，亦即歐氏幾何相容若且唯若算術系統相容。不過，此一

[96] 根據數理邏輯家戴維斯的說法，數理邏輯的黃金時代是 1930–1970 年，數學基礎也應該如此才是。參考 Davis, *Engines of Logic*。

進路受到直觀主義者布勞威爾 (Brouwer) 的批判與挑戰，因此，1920 年代在艾克曼（Wilhelm Ackermann, 1896–1962，希爾伯特的學生）及馮紐曼 (von Neumann) 完成部分成果之後，希爾伯特還是決定於 1928 年在波隆那舉行的 ICM 中，將他對數學基礎的關注，明確地以如下清晰的問題來呈現：針對算術公設系統中的一個給定的敘述，是否存在有一個標準程序，可用以判定此敘述為真。這就是著名的判定問題 (decision problem / Entscheidungsproblem)。對此一問題的正面解決，希爾伯特滿懷樂觀期待，他顯然希望「一個求解他的 Entscheidungsproblem 之演算法，會將人類所有演繹推論化約成為粗魯的計算 (brute calculation)」。而這，當然是萊布尼茲的美夢成真：因為他曾經夢想將人類理性化約成計算，也夢想一個有強大威力的機械裝置來執行計算。[97]

西元 1936 年，英國數學家涂林 (Alan Turing, 1912–1954) 發表經典論文〈論可計算數，及其在判定性問題上的應用〉，[98]為現代程式計算機奠定了基礎。他的理論建構就成為我們今日所說的涂林機器（Turing Machine，簡稱涂林機）。「涂林機包括一個控制單元帶著有限多的可能狀態 (state)、一張紙帶分成多個方格，以及一個帶（子）頭 (tape head)，其上可閱讀或書寫符號。在計算的每一個步驟，帶頭掃描紙帶上的一個方格。根據被掃描的符號及控制單元的現在狀態 (current state)，涂林機可以在現在的方格上，寫下一個新符號，將帶頭的一個方格左移或右移，如此，控制單元可能進入一個新狀態。這

---

[97] Davis, *Engines of Logic: Mathematicians and the Origins of the Computer*, p. 146.

[98] 本論文英文標題如下：On Computable Numbers, with an Application to the Entscheidungsproblem。

個新狀態可能造成停機或繼續如上程序。[99]涂林令人信服地論證：任意演算法程序 (algorithmic procedure) 都可運用這些一系列的基本步驟來模仿。」[100]

涂林還「加碼」證明涂林機可執行算術計算，然後給出一個無演算法可解的例子。這就涉及停機問題 (halting problem)，它是指判別一個特別的涂林機是否會停止運算。仿照康托爾 (Cantor) 的對角線論證進路，涂林證明他的任何計算機都無法解出停機問題。他也證明任何一個停機問題的例子都可表示為數學敘述 (mathematical statement)。再者，若一個涂林機停機，則該機之數學模仿 (mathematical simulation) 可證明它停機。因此，停機問題的演算程序之不可解 (algorithmic unsolvability) 就蘊含：數學上的可證敘述 (provable statement) 將會沒有判定程序。[101]而這，當然也就證明了希爾伯特的判定問題無解了！

涂林這一篇經典論文儘管其判定問題之解決被邏輯學家丘奇 (Alonzo Church) 捷足先登，[102]然而，它卻有如下三項極重要的貢獻：「創新定義一種抽象的計算機；證明通用計算機 (universal machine) 的存在性；證明存在有任何計算機都不能解決的問題。」[103]最後一項針對吾人直觀的計算程序之分析，[104]尤其深具意義，因為凡是運用演算法程序 (algorithmic procedure) 可計算的事物，都可以用涂林機來計算。

---

[99] 也參考 Davis, *Engines of Logic: Mathematicians and the Origins of the Computer*, pp. 148–157。

[100] 引 Calhoun, “From Hilbert’s Program to Computer Programming” 改寫而成。

[101] 本段主要參考 Calhoun, “From Hilbert’s Program to Computer Programming”。

[102] 參考李國偉，〈形象由淡入濃的涂林〉。

[103] 引同上。

[104] 參考同上。

總之，涂林對電子計算機的最大貢獻，當然就是賦予當代內儲式計算機 (stored-program computer) 的理論基礎。數理邏輯家戴維斯 (Martin Davis) 曾經指出：「在涂林之前，一般都認為機器、程式與資料三個範疇是全然分開的物件。機器是物理性的物件，今日我們稱之為硬體。程式是準備做計算的方案，也許體現在打孔卡或是插板上的管線之連結。最後，資料是數值化的輸入。涂林的通用機器顯示這三種範疇的區分只是一種錯覺。」[105]邏輯與計算的一體兩面，引發電子計算機先驅艾肯 (Howard Aiken) 在 1953 年給出忠實評論：「如果用來找微分方程數值解的機器，和替百貨公司開帳單的機器，在基本邏輯架構上恰好相同，我會認為這是我曾碰過的最奇妙的巧合。」[106]

現在，讓我們回溯涂林之前的電子計算機簡史。它的「族譜」可以追溯到十七世紀歐洲。西元 1716 年，納丕爾（Napier，對數發明者之一） 設計了一個可自動完成乘法計算的器械，亦即納丕爾籌 (Napier's Bones)，顯然基於他所發現的對數原理。過不了多久，英國牧師奧特雷德 (William Oughtred) 據以改良成為今日所稱的對數尺，成為迄至廿世紀中葉工程師的必備計算工具之一。另一方面，法國的巴斯卡 (Pascal) 也在 1642–1652 年間發明「加法機」，可以「自動」操作加減計算，數目相加減時，只需將數目鍵入，而這臺機器就會代勞其餘部分。不過，這些製作全賴手工，以萊布尼茲 (Leibniz) 基於二進位算術原理，而發明的**「步進計算器」(stepped reckoner)**，就因為工匠技術還不足以有效地承造這一設計的可靠複件，而使得商品化的時機

---

[105] 引 Davis, *Engines of Logic: Mathematicians and the Origins of the Computer*, pp. 164–165。

[106] 引李國偉，〈形象由淡入濃的涂林〉。

推遲了一百五十年以上。

到了十九世紀早期，劍橋數學家巴貝吉 (Charles Babage) 設計一種可造對數表與天文數表的機器。由於它對航海大有助益，因此，英國政府開始提供贊助。西元 1822 年，他在「差分機」(Difference Machine) 上不停操作運算，造出一種具有六位數準確的數表。在這個基礎上，他向準確到二十位數的目標前進，這個計畫並未成功，於是，英國政府就不再贊助。西元 1833 年，巴貝吉提出更有野心的**「分析機」(Analytical Engine)**。由於法國工程師雅各 (Joseph-Marie Jacquard) 有關織布機中，編織複雜類型中的一系列打孔卡片之**「前程式化」(pre-programed)** 設計，引導巴貝吉嘗試打造一個可以從打孔的卡片接收與描述數據的機械，而這就是他所謂的分析機。

巴貝吉的計畫中有一位助手十分有名，她就是艾達・羅夫萊斯 (Ada Lovelace)，詩人拜倫 (Byron) 的女兒、數學家笛摩根的學生。[107]她將巴貝吉在 1840 年於義大利召開的有關分析機實用性的研討會論文，翻譯成英文並補充她自己的註釋，其中她擴張了「編制程式」的想法到配備有打孔卡片的機器上，並且寫下史上第一個有意義的計算機程式，預見了許多包括重複步驟的一個「迴路」之現代編制程式設計。[108]

儘管如此，分析機被十九世紀的技術所限，無法製造出來。在一百多年後，巴貝吉及艾達的想法被廿世紀的計算機製造者重新發現。不過，在十九世紀中葉，自修成才的數學家布爾 (George Boole) 在他

---

[107] 其傳記可以參考 Essinger, *Ada's Algorithm*。

[108] 其計算白努利數的流程圖表可參考卡茲，《數學史通論》(第 2 版)，頁 650。又，1980 年代所發展的「編制程式語言」命名為艾達，就是為了紀念她的貢獻。

的兩部數理邏輯著作中，[109]「說明基本邏輯程序如何可以利用現在稱為布爾代數 (Boolean algebra) 的系統，表示成為 1 和 0 的組合。」事實上，「布爾代數已經成為今日計算機所有的『思考』電路設計之理論鑰匙。」[110]

在技術方面，十九世紀還有一項不可或缺的發明，那就是，在 1880 年，美國人口普查局的年輕員工海倫里斯 (Herman Hollerith) 設計了一種機器，可使用電力自動地對記錄在打了孔洞的卡片上之數據，進行分類與製表，這大幅地縮短處理數據的時間。海倫里斯後來創辦製表機器公司 (Tabulating Machine Company)，最後發展成為今日的工業巨擘 IBM。

西元 1937 年，夏農 (Claude Shannon) 在他的 MIT 碩士論文中，結合布爾代數及電力繼電器和開關電路，顯示機器能夠「做」數學邏輯。所有這些關鍵因素都在這個時候集結在一起，其中當然包括涂林在 1936 年所發表的經典論文。夏農的這一篇論文「將數位迴路設計從技術轉換成為科學」，因此，他所創立的資訊之數學理論 (mathematical theory of information)，在當代通訊技術發展上，扮演關鍵的角色。[111]

---

[109] 布爾這兩部著作依序是《邏輯之數學分析》(*The Mathematical Analysis of Logic*, 1847) 及《思想法則之探討，並以其建立邏輯與機率的數學理論》(*An Investigation of the Laws of Thought*, 1854)。有關布爾的傳記，李國偉的〈被老婆澆冷水而亡的自學成器者布爾〉寫得十分深刻，非常值得參考。Herbert Meschkowski 的《偉大數學家的想法》(*Ways of Thought of Great Mathematicians*, 1964) 也包括布爾的傳記，我年輕時中譯該書，因而有機會認識布爾其人其事，不過，當時的計算機歷史脈絡好像還不太清晰，因此，我對於布爾代數的創意之理解只停留在相當皮毛的階段。由此可見，人物傳記（即使對象是數學家）的書寫與閱讀，都需要適當的時間與距離。

[110] 引柏林霍夫、辜維亞，《溫柔數學史》，頁 209。

當第二次世界大戰爆發時，敵對雙方都企圖通過技術研究，以掌握軍事優勢，涂林就是因此而涉入破解德軍密碼的情報工作。同樣涉入數學的軍事技術的數學家， 還有匈牙利出身的傑出數學家馮紐曼 (von Neumann)。他在 1931 年移民美國。二次戰後，馮紐曼除了繼續任職於普林斯頓高級研究院 (Institute of Advance Study) 之外，[112]還被邀請充當電子數值積分計算器 (ENIAC) 的數學顧問。ENIAC (Electronic Numerical Integrator and Calculator) 主要由賓州大學的艾克特 (Eckert) 與馬科林 (Mauchly) 負責建造， 其目的是幫助美國計算海軍大砲射程圖。由於使用多達 18000 個真空管、1500 個繼電器等等，重量超過三十噸，體積龐大笨重。不過，馮紐曼的真正貢獻是在於他發明一種在計算機內儲存程式的方法，其設計建造圖可以參考圖 4.5。1949 年，他的機器建造設計在英國劍橋大學所製造的 EDSAC (Electronic Delayed Storage Automatic Computer) 上，首度得以運算操作。

前述龐大笨重的計算器所費不貲，因此，在技術創新的需求下，貝爾實驗室 (Bell Lab) 在 1950 年代早期發明的電晶體，將電子計算機推進到第二代的更小、更快以及更有威力，而且也更具經濟性。第三代則是在 1960 年代中期因積體電路之引進而降臨，個人電腦也成為一般人負擔得起的現實：從迷你型縮小到微小型、再到桌上型、到膝上型，最後到掌上型，甚至到二十一世紀智慧型手機，所有這些都見證電子計算機時代的無限風華。

---

[111] 參考 Davis, *Engines of Logic*, p. 178。

[112] 他是創立於 1933 年的普林斯頓高級研究院 (Institute of Advanced Study) 的永久研究員 (member) 之一，其他還包括愛因斯坦、外爾、亞歷山大 (James Alexander II)，以及莫爾斯 (Marston Morse)。

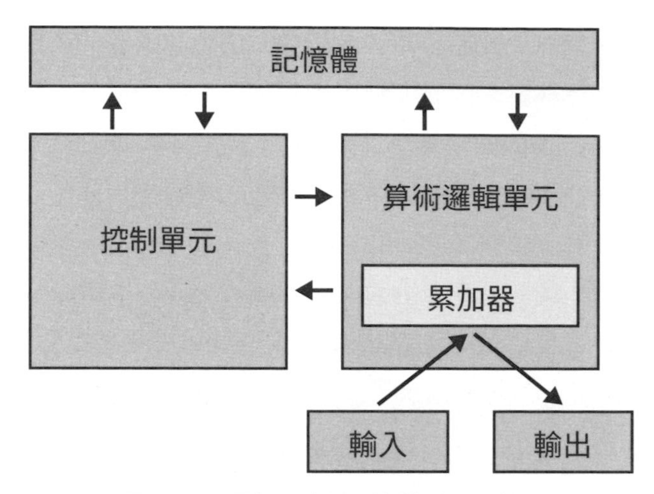

圖 4.5：馮紐曼機器的建造設計圖

4.9 科學的專業與建制，以及民間部門的角色：美國 vs. 蘇聯

上一節我們提及的匈牙利裔數學家馮紐曼在移民美國之前，曾獲得洛克菲勒基金會 (Rockefeller Foundation) 的贊助，[113]而有機會前往哥廷根大學遊學，得到克萊因與希爾伯特的賞識，甚至還參與希爾伯特有關數學基礎的研究綱領。1933 年，他更是從普林斯頓大學被挖角到新創立的普林斯頓高等研究院 （Institute of Advanced Study ，簡稱 IAS），榮任永久會員 (member) 之一。這所研究院是由紐約猶太百貨

[113] 洛克菲勒基金會是一個非政府組織 (NGO)。1929 年，前芝加哥大學校長、數學物理學家梅森 (Max Mason) 接任主席之後，陸續成立醫學科學部（前身為醫學教育部）、自然科學部、社會科學部，以及藝術人文部。雖然基金會資助的項目仍然以醫學科學為主，但也逐步擴大到其他領域。參考 https://www.jendow.com.tw/wiki/。

商班伯格 (Bamberger) 兄妹路易斯及卡羅琳，以慈善名義捐助設立的民間研究機構。它獨立於普林斯頓大學 (Princeton University) 之外，「慷慨」地提供一個罕見的舒適學術環境，讓數學、物理等幾個領域的頂尖學者，可以毫無懸念地，進行最純粹的尖端研究，而完全沒有教學任務及資金壓力。這些頂尖人才是否在二戰時為美國的科技需求效命，則應該是基於個人選擇。事實上，洛克菲勒基金會就聘請威弗 (Warren Weaver)——威斯康辛大學數學系前主任於 1932 年主持其自然科學部門，投入戰時的應用數學研究任務。[114]

廿世紀愛因斯坦等頂尖學者應邀成為普林斯頓高等研究院的永久研究員之後，這個機構就成為世界著名的學術聖地。其創立在時間點（1930 年提議，1933 年設立）上，重疊了美國數學社群的獨立自主，其指標則是誠如數學史家帕秀爾 (Karen Parshall) 所論述，美國大學生從 1930 年起，就不再出國（主要是德國）深造數學。事實上，最近的 1932 年就是美國物理學的「奇蹟年」，因為在這一年內，美國物理學家尤雷 (H. Urey) 提取重氫、勞倫斯 (E. O. Lawrence) 建造迴旋加速器、安德遜 (C. Anderson) 發現正電子，揭開了核能物理學的序幕。[115]同時，由於納粹政權對猶太數學家的迫害，許多「難民」數學家的移入，也帶來很多先進的應用數學，除了在二戰期間為美國軍方效力之外，也為美國大學的相關教學與研究，增添了強而有力的動能。最後，還成為戰後工業界研發產品部門的研究資源。[116]

到了戰後，軍方贊助科學研究以 1946 年設立的海軍研究所為代

---

[114] 參考 Parshall，〈美國數學社群的歷史剪影〉(*Perspectives on American Mathematics*)。

[115] 參考洪萬生，〈厚植二十世紀美國科學的基金會〉。

[116] 參考 Parshall，〈美國數學社群的歷史剪影〉。

表，同時，美蘇冷戰架構對於美國政府的大力支持科學研究，更是由於 1957 年蘇聯率先發射史波尼克 (Sputnik) 太空船之刺激，成立於 1950 年的國家科學基金會（National Science Foundation，簡稱 NSF）開始扮演主要的科學贊助角色。另一方面，工業界如美國電話與電報公司 (AT&T) 持續支持的貝爾實驗室 (Bell Lab)，是設立於紐澤西州的一個公司內部的研發機構，它為（應用）數學家提供了可以維持生活的「非學術性」工作及研究機會，這使得所謂的追求數學研究，有了更寬廣的定義。[117]這些由民間基金會所贊助的科學研究活動，被科學史家塞澤爾 (R. Seidel) 推許為「美國資本主義的制度化厚饋」。

在冷戰架構的另一邊，(前) 蘇聯 (Soviet Union) 的數學研究當然也不容忽視，儘管民間私人部門的（贊助）角色完全不存在。數學史家史楚伊克 (Struik) 給了一個簡要的說明，[118]或可提醒我們如何面對美蘇冷戰政治與經濟競賽，對於廿世紀數學史的影響。儘管這個說明極其簡短，然而，它對師徒傳承關係之強調卻十分到位，值得我們參考。事實上，如此的敘事也是數學家康明昌針對葉戈羅夫 (Egorov) 及其徒弟盧津 (Luzin) 師徒傳記的書寫進路。[119]

西元 1917 年的十月共產黨革命對於俄羅斯的數學發展，帶來了極大的衝擊。不過，俄羅斯數學傳統底蘊畢竟深厚，經得起大風大浪的政治鬥爭。事實上，它的數學研究傳統，早已在羅巴秋夫斯基、奧斯特羅格拉德斯基 (M. V. Ostrogradsky)，以及（特別地）聖彼得堡學派 (St. Petersburg school of mathematics) 的創始者柴比雪夫等人深耕後紮

---

[117] 參考同上。

[118] Struik, *A Concise History of Mathematics* (Fourth Revised Edition), pp. 210–212.

[119] 以下相關內容主要參考康明昌，〈Egorov 與 Luzin〉，《數學傳播》44(2): 18–31。

實建立起來。更何況，聖彼得堡這個大城與歐洲數學之關連十分密切，正如第 1.1 節所提及，白努利兄弟尼古拉二世及丹尼爾，還有歐拉都曾應邀在十八世紀的聖彼得堡科學院 (St. Petersburg Academy of Science) 效力。

柴比雪夫培養兩位高徒馬可夫與李亞普諾夫 (Aleksandr Lyapunov)，師徒聯袂投入在許多領域之研究，從數論（質數分布定理）、積分學、逼近理論、微分幾何，到動力學及機率論，都取得重大貢獻，至於其特色，則是他們對於純粹與應用領域之關係，頗有敏銳的見識。

在十月革命之後，莫斯科成為蘇聯（蘇維埃聯邦共和國，Soviet Union）首都。於是，莫斯科學派 (Moscow school of mathematics) 也開始發展，其領袖則非盧津 (Nikolai Luzin, 1883–1950) 莫屬。盧津是葉戈羅夫 (Dimitri Egorov, 1869–1931) 的徒弟。師父葉戈羅夫的主要貢獻在於微分幾何與數學分析，還在 1921 年擔任莫斯科數學學會長，且在 1923 年被任命為莫斯科大學數學與力學學院院長，可見蘇共掌權初期，師徒倆已經建立了「立足」基地，因此，他們最後的下場才不至於太過悲慘！

葉戈羅夫、盧津師徒的傳略，可參考數學家康明昌的〈Egorov 與 Luzin〉，本節底下內容，主要根據他的簡要說明，其中涉及蘇共對數學「**異議**」（東正教信仰）分子的迫害，與徒弟對師父的背叛恩怨，情節驚心動魄，扣人心弦，令人不忍卒讀。

盧津在葉戈羅夫的指導下，獲得碩士學位，隨即在 1910 年獲得前往哥廷根大學留學的機會 (1910–1914)，然後在 1915–1916 年回國撰寫博士論文，順利榮獲莫斯科大學的博士學位。由於博士論文表現出色，他馬上被莫斯科大學聘任為教授，主要研究領域是集合論與實變數函數論。顯然由於他的個人魅力，在短短十年內 (1915–1925) 就吸引了一批才華橫溢的學生，如前述亞歷山德羅夫、科摩哥洛夫 (Kolmogorov)、烏雷松 (Pavel Urysohn) 等人，他們都被暱稱為「盧津迷」(Luzitania)。這一群師徒的活躍時間大約是 1925–1941 年間，被推崇為莫斯科數學的第一個黃金時代。

我們在第 4.2 節提及參加涅特書報討論班的蘇聯年輕數學家中，就包括上一段提及的亞歷山德羅夫、科摩哥洛夫，以及烏雷松等人。其中亞歷山德羅夫及烏雷松在 1922 年成為莫斯科大學講師，經常結伴在暑假到西歐國家訪問，受到希爾伯特、庫朗特 (R. Courant)、涅特 (Noether)、郝斯多夫 (Hausdorff) 與布勞威爾 (Brauwer) 的歡迎。而這當然與他們兩人的拓樸學研究有關。「當時拓樸學是一門新興的學科，懂的人不多，但是不少人已經預見它是一門有巨大潛力的數學分支。」[120]有關拓樸學主題，也可參考第 4.3 節。

因此，在史達林打算「清洗」蘇聯數學社群中的異議分子時，葉戈羅夫及盧津當然首當其衝，不過，由於當時蘇聯與西歐數學家之國際交流已經成為「常態」，蘇共當局或許也認為這有助於國際地位的提升，因此，繼續支持盧津迷的國際學術交流活動，這應該可以部分解釋何以莫斯科的數學家還能「奢侈地」迎到第一個黃金時代！

蘇聯世界的完全「非民間」學術活動，當然強烈對比美國的民間贊助學術之活力。這是廿世紀數學史極重要的一個環節，需要釐清的議題還非常龐雜，譬如，以美、蘇為例，在資本主義 vs. 社會主義的對比下，數學知識活動的社會脈絡意義，由於它的多元發展之豐富歷史面貌，已經不是我們目前可以從容處理的「研究規模」，因此，廿世

[120] 引康明昌，〈Egorov 與 Luzin〉。

紀數學的故事我們只好就此暫時打住了。

儘管如此，柏林霍夫、辜維亞在如何刻劃〈今日的數學〉，就非常值得我們省思，因為他們的《溫柔數學史》是 HPM 經典，因而他們的洞見，就多出了一個數學教學的維度之思維：

> 今日的數學，「從裡面」看，比之前的任何時候更多樣也更統一。它更抽象了，但也比從前的任何時期，擁有對當代生活的所有領域的更廣泛應用。正因為如此，數學「從外面」看起來有一點令人混亂，這點就可以說得通了。數學一方面被視為是難以理解的、令人卻步的科目，另一方面，卻又被視為現代繁榮、安全與舒適的不可或缺部分，以致於數學能手被當作有價值的人力資源。[121]

數學知識的這種特性對於現代數學教育改革者，顯然帶來了進退兩難之處境。平心而論，數學「專家」當然越多越好，然而，訓練的「**教育成本**」卻非常巨大。另一方面，一般公民的數學素養或許也相當重要，不過，他們都是今日數學的「隱性消費者」，只要學會有意義的使用或者得與專家互動即可。在這兩個極端之間拔河，動態的平衡點我們要擺哪裡？或許數學史或數學教育史無法給出最終的答案（這當然是一般歷史學的「困境」，數學史當然也不例外），但無疑地，一旦我們有了一點數學史的基本常識之後，對這些爭議應該可以比較坦然才是。

---

[121] 引柏林霍夫、辜維亞，《溫柔數學史》，頁 70。

NOTE

第 5 章

餘音裊裊：數學知識的意義與價值

5 餘音裊裊：數學知識的意義與價值

在本書中，我們將幾個文明所發展的數學知識之豐富多元風貌，進行極為簡要的論述或敘事之後，敘說一點寫作或修稿的心得，作為此一「浩大」書寫工程暫時告一段落的「交代」，似乎有其必要。

「東西還有很多，真的很多！」 這是數學家／普及作家德福林 (Keith Devlin) 在他的《數學的語言》(*The Language of Mathematics*)〈後記〉所寫下的第一句話。我們的感觸完全類似！在此，我要以他的書寫進路為借鏡，來說明我們如何「力有未逮」。

誠然，在他那部四百多頁的普及巨著中，為了說明「何謂數學」，德福林基於「數學是研究模式 (pattern) 的一種科學」之說法，將我們所熟悉的學科內容綜合統攝在模式之下。作者在凸顯這些模式旨趣的同時，也兼顧了數學的歷史發展與它當前的廣度，因此，他乃能將數學「形容成人類文化一個豐富而生動的成分」。

德福林還指出：他希望《數學的語言》讓讀者感受到數學在本質上所呈現的一些獨特意義，因此，他不想製作一道數學大拼盤，讓其中每個主題都只有幾頁的呈現。他進一步強調，誠如我們所熟知的觀察，「數學本身其實是個單一的整體。對任何一個現象的數學研究，都有許多對任何其他現象的數學研究相似。」 這種連結 (connection) 的鑑別無論是水平或垂直的統整 (horizontal / vertical integration)，都是理解或欣賞數學知識活動價值與意義的不二法門。當然，本書所論述或敘事所涉及之歷史插曲，有時為了跨文明之間的「比較」，難免「精鍊」成為一種史家葛羅頓－吉尼斯所謂的「世界文化遺產」。從史學方法論著眼，這種進路並非完全恰當（請參考葛羅頓－吉尼斯的深入評論），[1]然而，許多讀者想必如同早年的我一樣，被數學史家克藍因實踐的「**數學的歷史引導**」**(historical introduction to mathematics)** 之修辭所吸引，因為那的確是理解與鑑賞的最佳途徑之一。

這種比較史學 (comparative history) 的進路，對於東亞（中、日、韓）數學史的研究，當然頗有裨益，儘管在廿世紀之前，東西方世界不無數學文化交流案例，但要在全稱為「**世界數學史**」**(world history of mathematics)** 的架構中，為它們安放「適當位置」，的確相當不易。不過，要是我們退而求其次，只要為幾個主要數學文明（或其分支）提供一個融貫的 (coherent) 圖像，或許就可稍為滿足吾人的知識獵奇了。[2]

既然如此，我們在本書中，就盡可能著眼於人類文明的發展過程中，數學的專業化 (professionalization) 與制度化 (institutionalization)，乃至於贊助 (patronage) 在其過程中所發揮的重要功能。在某些數學知識（活動）取得學術正當性 (legitimacy) 時，這些因素更是不可或缺。還有，這些數學社會史的面向，幾乎都在每一個數學文明中現身，因此，我們從這些面向切入，故事線 (story line) 就可以清晰地開展出來，進而滿足融貫敘事的整體需求。

現在，我們這一部數學史「嘗試集」（借胡適用語）終於交稿了。但且慢，數學的故事還有很多尚待大大展開！德福林在他的《數學的

---

[1] Grattan-Guinness, “The Mathematics of the Past: Distinguishing Its History from Our Heritage”.

[2] 數學家／數學史家李國偉描繪了〈「計算」大敘事的簡要輪廓〉，為全球性數學史提供了另一種融貫的系統，值得我們深思。參考李國偉，《數學，這樣看才精采》，頁 94–106。

語言》〈後記〉最後一節，竟然說：「書先不要印！」理由是：來不及載入克卜勒猜想的證明 （1998 年 8 月海爾斯證明完成， 但論文包括 250 頁文字，約三十億位元組的電腦程式與數據）。不過，這是他必須補充的說明。

數學史的敘事版本越多越好，這一版來不及說的，下一版一定更好說，因為更豐富多元的跨文明數學風景，始終就在我們的眼前盡情開展。

參考文獻

各章節撰寫名單

第 1 章　王裕仁、廖傑成

第 2 章　林倉億

第 3 章　林倉億、黃俊瑋（第 3.6 節）

第 4 章　洪萬生

第 5 章　洪萬生

第 1 章

- Acheson, David (2013)，《掉進牛奶裡的 e 和玉米罐頭上的 π：從 1089 開始的 16 段不思議數學之旅》，洪萬生、洪碧芳、黃俊瑋譯，臺北：臉譜出版。
- Aczel, Amir D.（艾克塞爾，2009），《笛卡兒的祕密手記》，蕭秀山、黎敏譯，臺北：商周出版。
- Bell, E. T. (1998)，《大數學家》，井竹君、王林娜、王渝生、史放歌、李文林、何紹庚、胡作玄、倪錄群、袁向東、梅榮照、黃先東、郭書春、陳傳慶、傅祚華、趙慧琪、劉金顏、劉鈍、潘書祥譯，臺北：九章出版社。
- Bell, Madison S.（貝爾，2007），《革命狂潮與化學家——拉瓦錫，氧氣，斷頭臺》，黃中憲譯，臺北：時報文化。
- Boyer, Carl B. (1985). *A History of Mathematics*. Princeton NJ: Princeton University Press.
- Boyer, Carl. B. (2003)，《數學史（上）（下）》，UTA C. Merzbach 修訂，秦傳安譯，北京：中央編譯出版社。

- Dunham, William (2005). *The Calculus Gallery: Masterpieces from Newton to Lebesgue*. Princeton and Oxford: Princeton University Press.
- Grattan-Guinness, Ivor (2000). *The Fontana History of Mathematical Sciences*. New York: Norton paperback.
- Grattan-Guinness, Ivor (2009). "What Was and What Should Be the Calculus?", Ivor Grattan-Guinness, *Routes of Learning: Highways, Pathways, and Byways in the History of Mathematics* (Baltimore: The Johns Hopkins University), pp. 215–238.
- Grattan-Guinness, Ivor (2009). *Routes of Learning: Highways, Pathways, and Byways in the History of Mathematics*. Baltimore: The Johns Hopkins University Press.
- Hall, Tord (1997)，《高斯：偉大數學家的一生》，田光復、朱建正、呂輝雄、林聰源、許世雄、曹亮吉、曾俊雄、顏晃徹譯，臺北：凡異出版社。
- Hellman, Hal (2009)，《數學恩仇錄：數學史上的十大爭端》，范偉譯，臺北：博雅書屋。
- Heyden Rynsch, Verena von der （封・德・海登林許） (2003)，《沙龍：失落的文化搖籃》，張志成譯，臺北：左岸文化出版社。
- Katz, Victor J. (2004)，《數學史通論》，李文林、鄒建成、胥鳴偉譯，北京：高等教育出版。
- Klein, Felix (1928). *Development of Mathematics in the 19th Century*. Berlin: Springer-Verlag.
- Kline, Morris (1980/1983)，《數學史——數學思想的發展》(*Mathematical Thought from Ancient to Modern Times*) 上冊、中冊、下冊，林炎全、洪萬生、楊康景松譯，臺北：九章出版社。

- Kline, Morris (1999)，〈懷念數學史家卡爾・波伊爾〉，彭婉如譯，收入洪萬生，《孔子與數學：一個人文的懷想》，頁 291–301，臺北：明文書局。
- Kline, Morris（克藍恩，2004），《數學：確定性的失落》，趙學信、翁秉仁譯，臺北：臺灣商務印書館。
- Lefebvre, Georges（勒費弗爾，2016），《法國大革命：從革命前夕到拿破崙崛起》，顧良、孟湄、張慧君譯，新北：廣場出版社。
- Musielak, Dora（穆西亞拉克，2014），《蘇菲的日記》，洪萬生、洪贊天、黃俊瑋譯，臺北：三民書局。
- Osen, Lynn (1997)，《女數學家列傳》，洪萬生、彭婉如譯，臺北：九章出版社。
- Schubring, Gert (1987). "On the Methodology of Analysing Historical Textbooks: Lacroix as Textbook Author", *For the Learning of Mathematics* 7(3): 41–50.
- Schubring, Gert (1997). *Analysis of Historical Textbooks in Mathematics*. Lecture Notes. Pontificia Universidade Catolica de Rio de Janeiro.
- Stedall, Jacqueline (2012). *The History of Mathematics: A Very Short Introduction*. New York: Oxford University Press.
- 李文林主編 (2000)，《數學珍寶：歷史文獻精選》，臺北：九章出版社。
- 結城浩 (2014)，《數學女孩：伽羅瓦理論》，新北：世茂出版。
- 秦曼儀 (2018) ，〈十八世紀法國沙龍女性作家社交網絡和出版史研究——隆貝爾夫人、貴族與文人〉，《新史學》29(1): 107–157。
- 蔡志強 (1999)，〈積分發展的一頁滄桑〉，《數學傳播》23(3): 3–20。

- 亞爾德 (Ken Alder, 2009)，《公尺的誕生》 (*The Measure of All Things*)，張琰、林志懋譯，臺北：貓頭鷹出版。
- 顏一清 (1998)，〈數學巨擘高斯〉(*Carl Friedrich Gauss*)（上），《數學傳播》22(4): 25–42。
- 顏一清 (1999)，〈數學巨擘高斯〉(*Carl Friedrich Gauss*)（下），《數學傳播》23(1): 24–34。

第 2 章

- Acheson, David (2013)，《掉進牛奶裡的 e 和玉米罐頭上的 π：從 1089 開始的 16 段不思議數學之旅》，洪萬生、洪碧芳、黃俊瑋譯，臺北：臉譜出版。
- Aczel, Amir D.（艾克塞爾）(2009)，《笛卡兒的祕密手記》，蕭秀山、黎敏譯，臺北：商周出版。
- Bell, E. T. (1998)，《大數學家》，井竹君、王林娜、王渝生、史放歌、李文林、何紹庚、胡作玄、倪錄群、袁向東、梅榮照、黃先東、郭書春、陳傳慶、傅祚華、趙慧琪、劉金顏、劉鈍、潘書祥譯，臺北：九章出版社。
- Bell, Madison S.（貝爾，2007），《革命狂潮與化學家——拉瓦錫，氧氣，斷頭臺》，黃中憲譯，臺北：時報文化。
- Boyer, Carl. B. (2003)，《數學史（上）（下）》，UTA C. Merzbach 修訂，秦傳安譯，北京：中央編譯出版社。
- Grattan-Guinness, Ivor (2000). *The Fontana History of the Mathematical Sciences*. New York: Norton paperback.
- Hall, Tord (1997)，《高斯：偉大數學家的一生》，田光復、朱建正、呂輝雄等譯，臺北：凡異出版社。

- Hellman, Hal (2009)，《數學恩仇錄：數學史上的十大爭端》，范偉譯，臺北：博雅書屋。
- Heyden Rynsch, Verena von der （封・德・海登林許） (2003)，《沙龍：失落的文化搖籃》，張志成譯，臺北：左岸文化出版社。
- Katz, Victor J. (2004)，《數學史通論》，李文林、鄒建成、胥鳴偉譯，北京：高等教育出版社。
- Kline, Morris (1983)，《數學史——數學思想的發展》上冊、中冊、下冊，林炎全、洪萬生、張靜嚳、楊康景松譯，臺北：九章出版社。
- Kline, Morris (2004)，《數學：確定性的失落》，趙學信、翁秉仁譯，臺北：臺灣商務印書館。
- Lefebvre, Georges（勒費弗爾，2016），《法國大革命：從革命前夕到拿破崙崛起》，顧良、孟湄、張慧君譯，新北：廣場出版社。
- Musielak, Dora（穆西亞拉克，2014），《蘇菲的日記》，洪萬生、洪贊天、黃俊瑋譯，臺北：三民書局。
- Osen, Lynn (1997)，《女數學家列傳》(*Women in Mathematics*)，洪萬生、彭婉如譯，臺北：九章出版社。
- Stedall, Jacqueline (2012). *The History of Mathematics: A Very Short Introduction*. New York: Oxford University Press.
- 李文林主編 (2000)，《數學珍寶：歷史文獻精選》，臺北：九章出版社。
- 凱曼 (Daniel Kehlmann, 2007/2012)，《丈量世界》，臺北：商周出版。
- 洪萬生主編 (2011)，《摺摺稱奇：初登大雅之堂的摺紙數學》，臺北：三民書局。
- 秦曼儀 (2018)，〈十八世紀法國沙龍女性作家社交網絡和出版史研究——隆貝爾夫人、貴族與文人〉，《新史學》29(1): 107–157。

- 亞爾德 (Ken Alder, 2009)，《公尺的誕生》 (*The Measure of All Things*)，張琰、林志懋譯，臺北：貓頭鷹出版。
- 顏一清 (1998)，〈數學巨擘高斯〉(Carl Fridrich Gauss)（上），《數學傳播》22(4): 25–42。
- 顏一清 (1999)，〈數學巨擘高斯〉(Carl Fridrich Gauss)（下），《數學傳播》23(1): 24–34。
- 沃爾芙 (Andrea Wulf, 2016/2020)，《博物學家的自然創世紀：亞歷山大・馮・洪堡德用旅行與科學丈量世界，重新定義自然》，臺北：果力文化。

第 3 章

- Boyer, Carl (1985). *A History of Mathematics*. Princeton: Princeton University Press.
- Calinger, Ronald (1999). *A Contextual History of Mathematics*. New Jersey: Prentice-Hall.
- Cohen, I. Bernard (2005). *The Triumph of Numbers*. New York: W. W. Norton & Company.
- Fauvel, John & Jeremy Gray eds. (1987). *The History of Mathematics: A Reader*. Milton Keynes: The Open University Press.
- Furinghetti, Fulvia (2003). "Mathematical Instruction in an International Perspective: The Contribution of the Journal *L'Enseignment Mathematique*", Coray, Daniel et al., eds., *One Hundred Years of L'Enseignment Mathematique* (Geneve-2003), pp. 19–46.

- Furinghetti, Fulvia (2008). "Mathematics Education in the ICMI Perspetive", *International Journal for the History of Mathematics Education* 3(2): 47–56.
- Grabiner, Judith (1981). *The Origins of Cauchy's Rigorous Calculus*. Cambridge, Mass.: MIT Press.
- Grattan-Guinness, Ivor (1997). *The Fontana History of the Mathematical Sciences*. London: Fontana Press.
- Hunter, Patti Wilger (2005). "Foundations of Statistics in American Textbooks: Probability and Pedagogy in Historical Context", Shell-Gellasch, Amy, Dick Jardine eds., *From Calculus to Computers* (Washington DC., MAA), pp. 165–180.
- Katz, Victor, J. (1993). *A History of Mathematics: An Introduction*. New York: HarperCollins College Publishers.
- Klein, Felix (1928). *Development of Mathematics in the 19th Century*. Berlin: Springer-Verlag.
- Kleiner, Israel (2007). *A History of Abstract Algebra*. Boston: Birkhauser.
- Kline, Morris (1972). *Mathematical Thought from Ancient to Modern Times*. New York: Oxford University Press.
- Kline, Morris (1980)，《數學史》(*Mathematical Thought from Ancient to Modern Times*) 中冊，林炎全、張靜嚳、楊康景松，以及洪萬生譯，臺北：九章出版社。
- Koblitz, Ann Hibner (1983). *A Convergence of Lives Sofia Kovalevskaya: Scientist, Writer, Revolutionary*. Boston/Basel/Stuttgart: Birkhauser.

- Osen, Lynn (1997)，《女數學家列傳》(*Women in Mathematics*)，洪萬生、彭婉如譯，臺北：九章出版社。
- Porter, Theodore M. (1986). *The Rise of Statistical Thinking: 1820–1900*. Princeton: Princeton University Press.
- Russ, S. B. (1980). "A Translation of Bolzano's Paper on the Intermediate Value Theorem", *Historia Mathematica* 7: 156–185.
- Strogatz, Steven (2011)，《學微積分也學人生》 (*The Calculus of Friendship*)，蔡承志譯，臺北：遠流出版公司。
- Strogatz, Steven (2020)，《無限的力量》，黃駿譯，臺北：旗標出版公司。
- 柏林霍夫、辜維亞 (2008)，《溫柔數學史》(*Math through the Ages*)，洪萬生、英家銘暨 HPM 團隊譯，臺北：博雅書屋。
- 齊斯・德福林 (2011)，《數學的語言》(*The Language of Mathematics: Making the Invisible Visible*)，洪萬生、洪贊天、蘇意雯、英家銘譯，臺北：商周出版。
- 李文林主編 (2000)，《數學珍寶：歷史文獻精選》，臺北：九章出版社。
- 劉柏宏 (2008)，〈布爾札諾：俠行於無限世界的唐吉軻德〉，《科學月刊》39(1): 22–28。
- 梁宗巨、王青建、孫宏安 (2001)，《世界數學通史》，瀋陽：遼寧教育出版社。
- 葛雷 (Jeremy J. Gray, 2000)，《希爾伯特的 23 個數學問題》，胡守仁譯，臺北：天下文化。
- 葛森 (Masha Gessen, 2012)，《消失的天才》(*Perfect Rigor: A Genius and the Mathematical Breakthrough of the Century*)，陳雅雲譯，臺北：臉譜出版。

- 克藍因 (2004)，《數學：確定性的失落》，翁秉仁等譯，臺北：臺灣商務印書館。
- 胡作玄 (2001)，《近代數學史》，濟南：山東教育出版社。
- 洪萬生 (1999)，〈典型在夙昔：複變大師 Lars V. Ahlfors〉，《孔子與數學》，頁 285–290，臺北：明文書局。
- 洪萬生 (1999)，〈數學史與數學教育〉，《從李約瑟出發》，頁 12–21，臺北：九章出版社。
- 洪萬生 (2023)，〈歐幾里得《幾何原本》的設準與公理〉(Postulates and common notions in Euclid's *Elements*)。
- 洪萬生等 (2014)，《數說新語》，臺北：開學文化。
- 蔡志強 (1999)，〈積分發展的一頁滄桑〉，《數學傳播》23(3): 3–20。
- 顏志成 (1992)，《Felix Klein 的數學教育思想》，臺北：國立臺灣師範大學數學系碩士論文。
- 吳開朗 (1993)，〈數學中的公理化方法 (上)〉，《數學傳播》，第 17 卷第 1 期，https://web.math.sinica.edu.tw/math_media/d171/17111.pdf。
- 吳開朗 (1993)，〈數學中的公理化方法 (下)〉，《數學傳播》，第 17 卷第 2 期，https://web.math.sinica.edu.tw/math_media/d172/17203.pdf。
- 余介石、倪可權 (1966)，《數之意義》(臺二版)，臺北：臺灣商務印書館。

第 4 章

- Atiyah, Michael (2002). "Mathematics in the 20th Century", *Bulletin of London Math. Soc*. 34(2002): 1–15.
- Boyer, Carl B. (1985). *A History of Mathematics*. Princeton, N. J.: Princeton University Press.

- Calhoun, William (2005). "From Hilbert's Program to Computer Programming", Shell-Gellasch, Amy, Dick Jardine eds., *From Calculus to Computers: Using the Last 200 Years of Mathematics History in the Classroom* (Washington, DC: MAA, 2005), pp. 135–148.
- Coray, Daniel, Fulvia Furinghetti, Helene Gispert, Bernard R. Hodson and Gert Schubring eds. (2003). *One Hundred Years of L'Eseignement Mathematique: Moments of Mathematics Education in the Twentieth Century*. Geneve-2003.
- Davis, Martin (2000). *Engines of Logic: Mathematicians and the Origins of the Computer*. New York: W. W. Norton and Company.
- Dunham, William (2005). *The Calculus Gallery*. Princeton, N.J.: Princeton University Press.
- Essinger, James (2018). *Ada's Algorithm: How Lord Byron's Daughter Launched the Digital Age through the Poetry of Numbers*. London: Gibson Square.
- Fauvel, John & Jeremy Gray eds. (1987). *The History of Mathematics: A Reader*. Milton Keynes: The Open University Press.
- Grabiner, Judith (1981). *The Origins of Cauchy's Rigorous Calculus*. Cambridge, Mass.: MIT Press.
- Grattan-Guinness, Ivor (1997). *The Fontana History of the Mathematical Sciences*. London: Fontana Press.
- Grattan-Guinness, Ivor (2000). "A Sideways Look at Hilbert's Twenty-three Problems of 1900", *Notices of American Mathematical Society* 47(7): 752–757.

- Hawkins, Thomas (1975). *Lebesgue's Theory of Integration: Its Origins and Development*. New York: Chelsea.
- Katz, Victor, J. (1993). *A History of Mathematics: An Introduction*. New York: HarperCollins College Publishers.
- Kleiner, Israel (1989). "Evolution of the Function Concept: A Brief Survey", *The College Mathematical Journal* 20(4): 282–300.
- Kleiner, Israel (2007). *A History of Abstract Algebra*. Boston/Basel/Berlin: Birkhauser.
- Kline, Morris (1972). *Mathematical Thoughts from Ancient to Modern Times*. New York: Oxford University Press.
- Kline, Morris (1980). *Mathematics: The Loss of Certainty*. New York: Oxford University Press.
- Kline, Morris (2004)，《數學：確定性的失落》，趙學信、翁秉仁譯，臺北：臺灣商務印書館。
- Lodder, Jerry M. (2005). "Introducing Logic via Turing Machines", Shell-Gellasch, Amy, Dick Jardine eds., *From Calculus to Computers: Using the Last 200 Years of Mathematics History in the Classroom* (Washington, DC: MAA, 2005), pp. 125–134.
- Osen, Lynn (2001)，《女數學家列傳》(*Women in Mathematics*)，彭婉如、洪萬生譯，臺北：九章出版社。
- Parshall, Karen H. (2000). "Perspectives on American Mathematics", *Bulletin (New Series) of The American Mathematical Society* 47(4): 381–405.
- Parshall, Karen H. (2009)，〈美國數學社群的歷史剪影〉，《數學傳播》33(2): 63–71。

- Rowe, David & M. Koreuber (2020). *Proving It Her Way: Emmy Noether, A Life in Mathematics*. Springer.
- Rowe, David (2001). "Looking Back on a Bestseller: Dirk Struik's *A Concise History of Mathematics*", *Notices of the AMS* 48(6): 590–592.
- Rowe, David (2015). "Historical Events in the Backgound of Hilber's Seventh Paris Problem", Rowe, David and Wann-Sheng Horng eds., *A Delicate Balance: Global Perspectives on Innovation and Tradition in the History of Mathematics* (Heidelberg/New York/Dordrecht/London: Birkhauser), pp. 211–244.
- Rowe, David (2021). *Emmy Noether-Mathematician Extraordinaire*. Springer.
- Schechter, Bruce (1999)，《不只一點瘋狂》，曾蕙蘭譯，臺北：先覺出版社。
- Shell-Gellasch, Amy, Dick Jardine eds. (2005). *From Calculus to Computers: Using the Last 200 Years of Mathematics History in the Classroom*. Washington, DC: MAA.
- Struik, Dirk J. (1987). *A Concise History of Mathematics*. Fourth Revised Edition. New York: Dover Publications, INC.
- Tropp, Henry S. (1976). "The Origins and History of the Fields Medal", *Historia Mathematica* 3: 167–181.
- 柏林霍夫、辜維亞 (2008)，《溫柔數學史》，洪萬生、英家銘暨 HPM 團隊譯，臺北：博雅書屋。
- 名倉真紀、今野紀雄 (2020)，《拓樸學超入門》，衛宮紘譯，新北：世茂出版。

- 李國偉 (2022)，〈被老婆澆冷水而亡的自學成器者布爾〉，《數學，這樣看才精采：李國偉的數學文化講堂》，頁 32–44，臺北：天下文化。
- 李國偉 (2022)，〈形象由淡入濃的涂林〉，《數學，這樣看才精采：李國偉的數學文化講堂》，頁 12–31，臺北：天下文化。
- 葛雷 (Jeremy J. Gray, 2000)，《希爾伯特的 23 個數學問題》，胡守仁譯，臺北：天下文化。
- 葛森 (2012)，《消失的天才》 (*Perfect Rigor: A Genius and the Mathematical Breakthrough of the Century*)，陳雅雲譯，臺北：臉譜出版。
- 康明昌 (2020)，〈Egorov 與 Luzin〉，《數學傳播》44(2): 18–31。
- 康明昌 (2022)，〈Emmy Noether 與 Richard Courant〉，《數學傳播》46(3): 19–37。
- 洪萬生 (1989)，〈厚植二十世紀美國科學的基金會〉，《科學月刊》第 234 期（1989 年 6 月）。
- 洪萬生 (1989) ，〈商人階層與科學發展〉，《科學月刊》 第 232 期（1989 年 4 月）。
- 洪萬生 (1999)，〈典型在夙昔：複變大師 Lars V. Ahlfors〉，《孔子與數學》，頁 285–290，臺北：明文書局。
- 洪萬生 (1999)，〈數學史的另類書寫：推介 IGG 的《數學彩虹》〉，《孔子與數學》，頁 329–336，臺北：明文書局。
- 結城浩 (2022)，《數學女孩祕密筆記：複數篇》，新北：世茂出版。
- 齊斯・德福林 (2011)，《數學的語言》，洪萬生、洪贊天、蘇意雯、英家銘譯，臺北：商周出版。
- 翁秉仁 (2003) ，〈希爾伯特的 23 個數學問題〉，《科學人》 https://sa.ylib.com/MagArticle.aspx?id=173。

第 5 章

- Grattan-Guinness, Ivor (2009). "The Mathematics of the Past: Distinguishing Its History from Our Heritage", in Grattan-Guinness, Ivor, *Routes of Learning* (Baltimore: The Johns Hopkins University), pp. 11–42.
- Kline, Morris (1972). *Mathematical Thought from Ancient to Modern Times*. New York: Oxford University Press.
- 李國偉 (2022)，《數學，這樣看才精采》，臺北：天下文化。
- 洪萬生 (2011)，〈直指數學知識核心的模式〉(譯者序)，載德福林，《數學的語言》，頁 4–8，臺北：商周出版。
- 洪萬生 (2022)，〈很難明白這其實很簡單〉(推薦序)，艾倫伯格 (Jordan Ellenberg)，《形狀》(*Shape: The Hidden Geometry of Information, Strategy, Democracy, and Everything Else*)，蔡丹婷譯，頁 3–6，新北：遠足文化。
- 齊斯・德福林 (2011)，《數學的語言》，洪萬生、洪贊天、蘇意雯、英家銘譯，臺北：商周出版。

網站資源

- 財團法人臺北市九章數學教育基金會
  http://www.chiuchang.org.tw/modules/news/index.php
- 歐拉線
  https://zh.wikipedia.org/wiki/歐拉線
- 伯努利微分方程
  https://zh.wikipedia.org/wiki/伯努利微分方程

- 白努利定律
  https://www.youtube.com/watch?v=Ra1LskQkx4E
- Riccati 黎卡提微分方程的求解
  https://www.youtube.com/watch?v=1OzvRoD1xnM
- Bernoulli 伯努利型的微分方程式
  https://www.youtube.com/watch?v=SJ7uPSnSmtE

圖片出處

- 圖 1.5：Wikimedia Commons
- 圖 4.1：Wikimedia Commons

索　引

第 3 章

第 4 章

第 5 章

《數之軌跡》總覽

IV　再度邁向顛峰的數學

國家圖書館出版品預行編目資料

數之軌跡IV：再度邁向顛峰的數學／洪萬生主編;英家銘協編;林倉億,王裕仁,廖傑成著.——初版一刷.——臺北市：三民，2024
面；　公分.——（鸚鵡螺數學叢書）

ISBN 978-957-14-7771-8（平裝）
1. 數學 2. 歷史

310.9　　113003215

鸚鵡螺 數學叢書

數之軌跡IV：再度邁向顛峰的數學

主　　編｜洪萬生
協　　編｜英家銘
作　　者｜林倉億　王裕仁　廖傑成
審　　訂｜于　靖　林炎全　單維彰
總 策 劃｜蔡聰明
責任編輯｜朱永捷
美術編輯｜黃孟婷

創 辦 人｜劉振強
發 行 人｜劉仲傑
出 版 者｜三民書局股份有限公司(成立於1953年)

三民網路書店
https://www.sanmin.com.tw

地　　址｜臺北市復興北路386號　(復北門市)　(02)2500-6600
臺北市重慶南路一段61號(重南門市)　(02)2361-7511

出版日期｜初版一刷 2024年6月
書籍編號｜S319660
I S B N｜978-957-14-7771-8